Gunther von Hagens'

KÖRPERWELTEN

KÖRPERWELTEN der Tiere
ist in anderen Ländern auch bekannt als

ANIMAL INSIDE OUT

INHALT

Gunther von Hagens

Anatomische Safari 4

Angelina Whalley

TIER-Anatomie 22

Starke Sache | Das Skelettsystem 24

Mäuse unter der Haut | Die Muskulatur 32

Unter Strom | Das Nervensystem 36

Zug um Zug | Die Atmungsorgane 42

Vernetzt fürs Leben | Das Herz-Kreislauf-System 48

Gut gekaut, halb verdaut | Der Verdauungstrakt 58

Kraftvolles Klärwerk | Die Ausscheidungsorgane 66

Triebfeder des Lebens | Die Fortpflanzungsorgane 70

Ganzkörper-Plastinate 76

Impressum 152

Gunther von Hagens

Anatomische Safari

Neue, ungewohnte Umweltreize ziehen den Menschen stark an. Sie machen ihn neugierig. In besonderen Fällen versetzen sie ihn sogar in Staunen. „Staunen ist die Sehnsucht nach Wissen“, schreibt der Philosoph Thomas von Aquin. Es führt gleichermaßen zu Bewunderung und Verwunderung. Bewunderung lässt die Menschen fasziniert die Natur betrachten; Verwunderung dagegen lässt sie danach fragen, wie die Natur alles zuwege bringt. Die wunderbare Formenvielfalt tierischer Körper rufen sowohl Bewunderung als auch Verwunderung hervor. Diese Schönheit sichtbar zu machen, ist der sogenannten Veterinäranatomie vorbehalten, in der es um Bau, Form und Struktur von Tierkörpern geht.

Dank der revolutionären Plastinationstechnologie ist es möglich geworden, sogar die größten Tiere ästhetisch zu präparieren und dauerhaft zu konservieren. Die Ausstellung *KÖRPERWELTEN der Tiere* widmet sich der Innenseite ihrer Körper. Sie gewährt den Besuchern einen Blick unter Haut, Fell und Federn, um detailgetreu bislang nicht für möglich gehaltene Eindrücke von Knochenbau, Muskulatur, Nervensystemen und Organen zu vermitteln. Deutlich bekommt der Besucher auf dieser anatomischen Safari zu sehen, wie sehr sich der Bauplan der Wirbeltiere einerseits ähnelt und wie viele anatomische Varianten sich andererseits herausgebildet haben. Viele Fragen werden hier geklärt, die wohl die meisten nicht ohne Weiteres beantworten könnten: Wie viele Muskeln hat der Rüssel eines Elefanten? Wie atmet ein Hai? Wie viel wiegt ein Giraffenherz? Die *KÖRPERWELTEN der Tiere* sind didaktisch so aufbereitet, dass sie nicht nur für erwachsene Laien und Experten eine Bereicherung darstellen, sondern auch für Kinder geeignet sind.

Blick in die Ausstellung KÖRPERWELTEN der Tiere

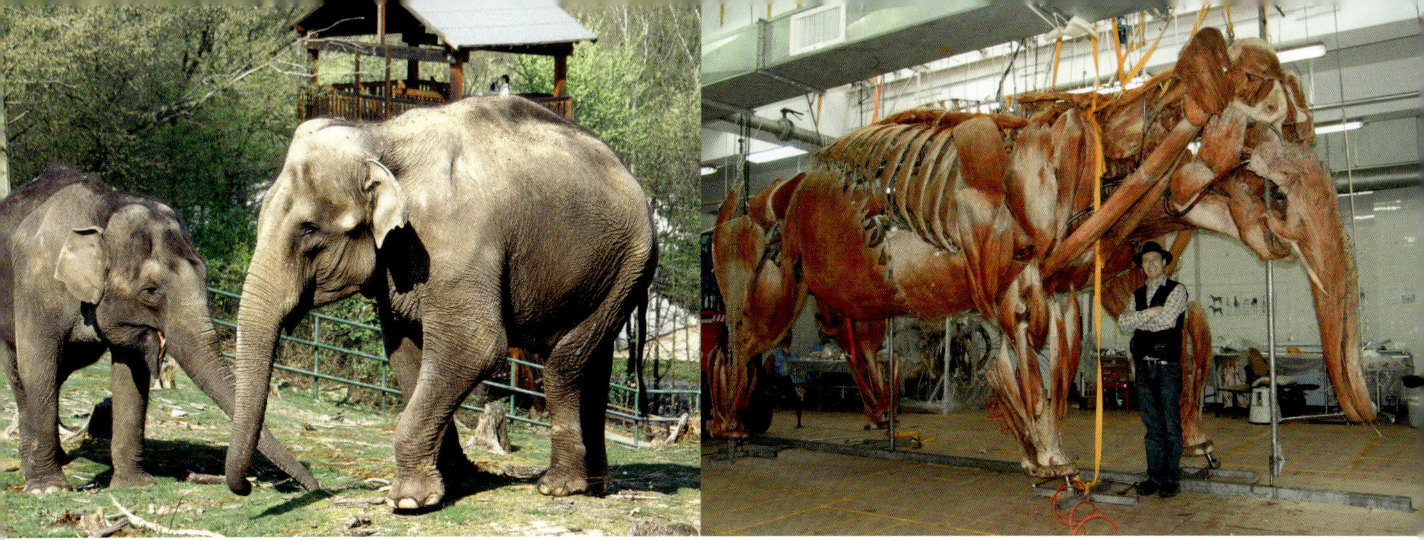

Elefantenkuh „Samba" (rechts im Bild) verstarb im Neunkircher Zoo. Drei Jahre dauerte die Fertigstellung des monumentalen Plastinats.

Entstehungsgeschichte

Schon seit Jahren beschäftige ich mich mit der Plastination von Tieren. So präparierte ich bereits vor einigen Jahren neben einigen kleineren Lebewesen auch Großtiere wie ein Pferd (2000), ein Kamel und einen Gorilla (2003). Insbesondere Großtiere verlangen meine gesamte Kreativität. Je größer sie sind, desto größer ist die anatomische und technologische Herausforderung. Bei Riesen wie dem Elefanten entdeckte selbst ich viel Neues. Denn die Großtiere werden von meinem Team und mir mit einer bisher nicht gekannten Detailgenauigkeit und Sorgfältigkeit präpariert. Dabei fühle ich mich wie ein Forscher auf anatomischer Entdeckungsreise. So konnten wir beispielsweise sichtbar machen, dass die Innenseite der Giraffenhaut an den dunkel gefleckten Stellen stärker durchblutet ist als an den hellen Stellen. Dies konnte bislang noch nie so deutlich gezeigt werden, weil noch niemand zuvor eine ganze Giraffe mit Kontrast gebendem, bis in die Hautarterien vordringendem Kunststoff injiziert hat.

Im Laufe der letzten Jahre sind immer mehr interessante Tierplastinate entstanden. Doch erst der Tod von Elefantenkuh „Samba" nach einer Herz-Kreislauf-Schwäche im Februar 2005 und die Fertigstellung dieses weltweit ersten Elefantenplastinats brachten mich auf die Idee, eine anatomische Tierausstellung vorzubereiten.

Mit der Bearbeitung der Elefantenkuh entsprach ich dem Wunsch von Neunkirchens Zoo-Direktor Dr. Norbert Fritsch, der den riesigen Körper dem Institut für Plastination übereignete und im Gegenzug dafür die Zusage zur Erstausstellung dieses riesigen Plastinats im Saarland erhielt. „Wir sind froh, dass unserer ‚Samba' die Entsorgung zu Tierfett erspart blieb und sie in buchstäblicher letzter Minute aus der Tierkörperverwertungsanstalt gerettet wurde", so Dr. Fritsch. Deshalb zögerte er keinen Moment, mir auch den toten Körper der Elefantenkuh „Chiana" kostenlos zu überlassen, nachdem das Tier wegen eines Beinbruchs und Nierenversagens im April 2006 eingeschläfert werden musste.

Schnell nahm damals die Idee zur ersten Tierausstellung in meinem Kopf konkrete Formen an. Schließlich entstand eine mit Kuratorin Dr. Angelina Whalley in Form und Zusammensetzung komplett neu konzipierte Tierausstellung. Die meisten Präparate, wie die Elefanten oder die Pferdeköpfe, waren bis dahin noch nirgendwo zu sehen. Nur wenige Plastinate wie der Gorilla, das Pferd, die Giraffe oder der Strauß wurden in bisherigen KÖRPERWELTEN Ausstellungen gezeigt. Jedoch waren noch nie so viele Tiere auf einmal und didaktisch aufbereitet zu sehen wie in den *KÖRPERWELTEN der Tiere* – der Arche Noah der Moderne.

Die in der Ausstellung gezeigten Tiere sind alle eines natürlichen Todes gestorben. Sie sind Spenden von nationalen wie internationalen Zoologischen Gärten und Tierparks, die teilweise anonym bleiben wollen. Andere Einrichtungen sind mit der Veröffentlichung der Herkunft einverstanden, wie etwa der Zoo Hannover mit der Spende des Flachlandgorillas „Artis" oder der Zoo Neunkirchen mit den zur Verfügung gestellten Elefanten „Samba" und „Chiana" sowie einer Giraffe, um nur einige Tiere zu nennen. Das Institut für Plastination ist auf Tierspenden angewiesen und an weiteren Spenden interessiert.

Herstellungsverfahren

Wie wir Menschen bestehen Tiere größtenteils aus Wasser. Dieses ist für das Leben, aber auch für die Verwesung unverzichtbar. Das Gewebswasser wird bei der Plastination durch Reaktionskunststoffe wie Silikonkautschuk, Epoxidharz oder Polyesterharz in einem speziellen Vakuumverfahren ersetzt. Die Körperzellen und das natürliche Oberflächenrelief bleiben dabei bis in den mikroskopischen Bereich hinein identisch mit ihrem Zustand vor der Konservierung. Die Präparate sind trocken und geruchsfrei und damit im wörtlichen Sinne „begreifbar".

Mit der Erfindung der Plastination ist es erstmals möglich geworden, natürliche anatomische Präparate dauerhaft, naturgetreu und auf ästhetische Weise für Lehre, Forschung und die allgemeine Aufklärung zu konservieren. Natürliche Präparate sind für die medizinische Ausbildung wie auch für den Laien besonders wertvoll, denn der komplizierte Aufbau des Bewegungsapparates und der Organe sowie deren Lagebeziehungen zueinander lassen sich in ihrer dreidimensionalen Komplexität nicht allein aus Büchern und Bildern erfassen. Noch so gute Bilder können das Original nicht ersetzen. Künstliche anatomische Modelle können ebenfalls nur begrenzt zum Verständnis der Anatomie beitragen, weil sie schematisiert sind, keine feinen Details zeigen.

Über die didaktischen Eigenschaften hinaus geht von den Plastinaten eine Faszination aus, die vor allem in der Echtheit der Präparate begründet ist. Die Plastination stoppt Verwesung und Vertrocknung so vollkommen, dass das Körperinnere aufhört, Gegenstand von Ekel zu sein. Kein Geruch belästigt die Betrachtung.

Das schöne Plastinat, erstarrt zwischen Sterben und Verwesung, ermöglicht eine völlig neuartige sinnliche Erfahrung.

Mit Silikon plastinierte Präparate werden mit einem speziellen Gas gehärtet

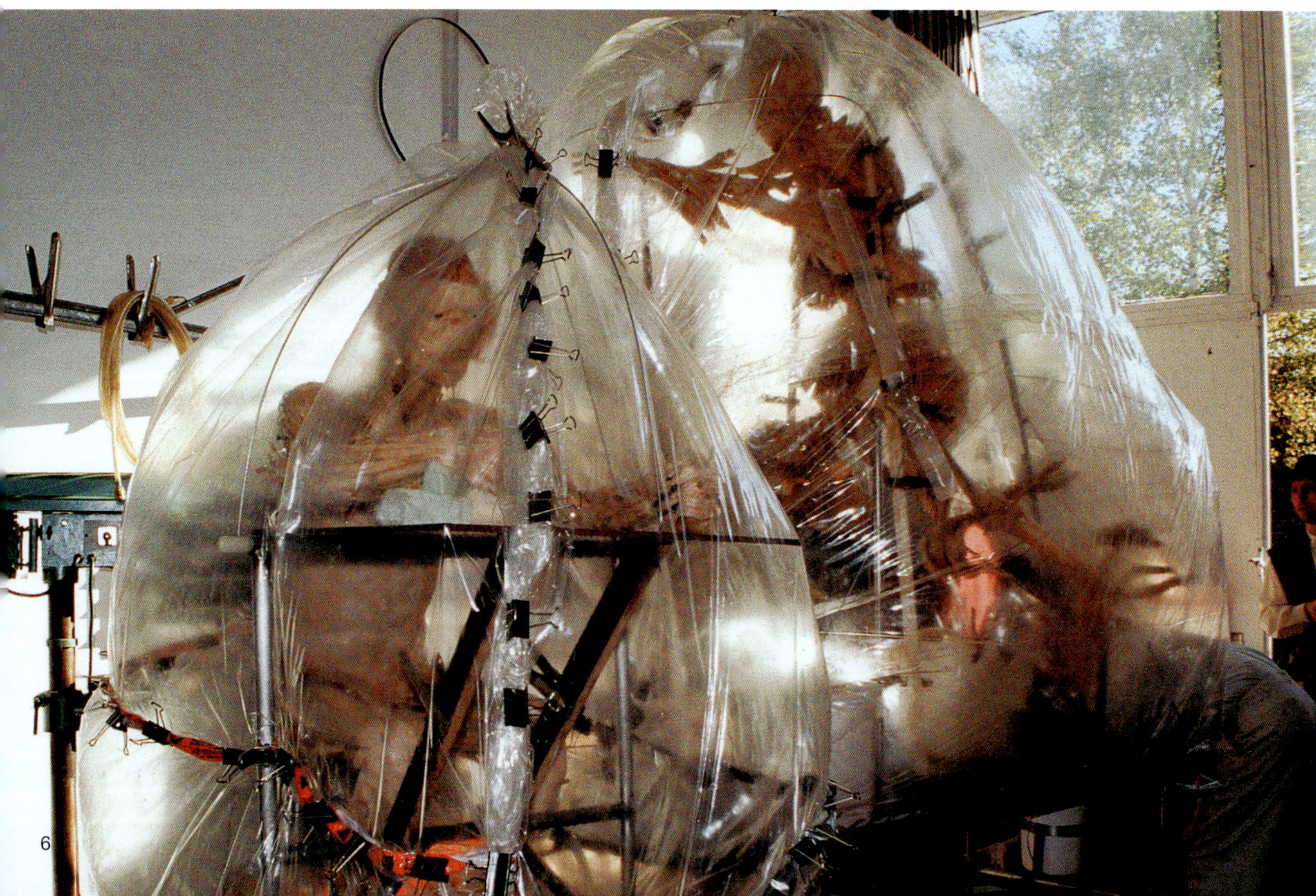

INHALT

Gunther von Hagens

Anatomische Safari 4

Angelina Whalley

TIER-Anatomie 22

Starke Sache | Das Skelettsystem 24

Mäuse unter der Haut | Die Muskulatur 32

Unter Strom | Das Nervensystem 36

Zug um Zug | Die Atmungsorgane 42

Vernetzt fürs Leben | Das Herz-Kreislauf-System 48

Gut gekaut, halb verdaut | Der Verdauungstrakt 58

Kraftvolles Klärwerk | Die Ausscheidungsorgane 66

Triebfeder des Lebens | Die Fortpflanzungsorgane 70

Ganzkörper-Plastinate 76

Impressum 152

Gunther von Hagens

Anatomische Safari

Neue, ungewohnte Umweltreize ziehen den Menschen stark an. Sie machen ihn neugierig. In besonderen Fällen versetzen sie ihn sogar in Staunen. „Staunen ist die Sehnsucht nach Wissen", schreibt der Philosoph Thomas von Aquin. Es führt gleichermaßen zu Bewunderung und Verwunderung. Bewunderung lässt die Menschen fasziniert die Natur betrachten; Verwunderung dagegen lässt sie danach fragen, wie die Natur alles zuwege bringt. Die wunderbare Formenvielfalt tierischer Körper rufen sowohl Bewunderung als auch Verwunderung hervor. Diese Schönheit sichtbar zu machen, ist der sogenannten Veterinäranatomie vorbehalten, in der es um Bau, Form und Struktur von Tierkörpern geht.

Dank der revolutionären Plastinationstechnologie ist es möglich geworden, sogar die größten Tiere ästhetisch zu präparieren und dauerhaft zu konservieren. Die Ausstellung *KÖRPERWELTEN der Tiere* widmet sich der Innenseite ihrer Körper. Sie gewährt den Besuchern einen Blick unter Haut, Fell und Federn, um detailgetreu bislang nicht für möglich gehaltene Eindrücke von Knochenbau, Muskulatur, Nervensystemen und Organen zu vermitteln. Deutlich bekommt der Besucher auf dieser anatomischen Safari zu sehen, wie sehr sich der Bauplan der Wirbeltiere einerseits ähnelt und wie viele anatomische Varianten sich andererseits herausgebildet haben. Viele Fragen werden hier geklärt, die wohl die meisten nicht ohne Weiteres beantworten könnten: Wie viele Muskeln hat der Rüssel eines Elefanten? Wie atmet ein Hai? Wie viel wiegt ein Giraffenherz? Die *KÖRPERWELTEN der Tiere* sind didaktisch so aufbereitet, dass sie nicht nur für erwachsene Laien und Experten eine Bereicherung darstellen, sondern auch für Kinder geeignet sind.

Blick in die Ausstellung KÖRPERWELTEN der Tiere

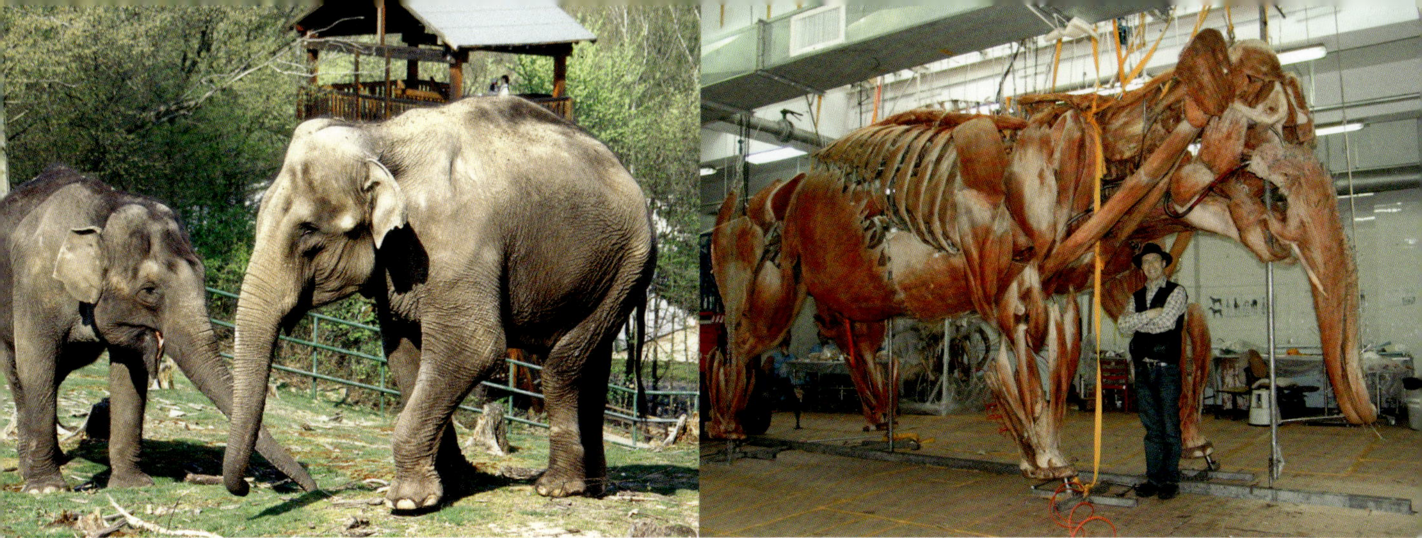

Elefantenkuh „Samba“ (rechts im Bild) verstarb im Neunkircher Zoo. Drei Jahre dauerte die Fertigstellung des monumentalen Plastinats.

Entstehungsgeschichte

Schon seit Jahren beschäftige ich mich mit der Plastination von Tieren. So präparierte ich bereits vor einigen Jahren neben einigen kleineren Lebewesen auch Großtiere wie ein Pferd (2000), ein Kamel und einen Gorilla (2003). Insbesondere Großtiere verlangen meine gesamte Kreativität. Je größer sie sind, desto größer ist die anatomische und technologische Herausforderung. Bei Riesen wie dem Elefanten entdeckte selbst ich viel Neues. Denn die Großtiere werden von meinem Team und mir mit einer bisher nicht gekannten Detailgenauigkeit und Sorgfältigkeit präpariert. Dabei fühle ich mich wie ein Forscher auf anatomischer Entdeckungsreise. So konnten wir beispielsweise sichtbar machen, dass die Innenseite der Giraffenhaut an den dunkel gefleckten Stellen stärker durchblutet ist als an den hellen Stellen. Dies konnte bislang noch nie so deutlich gezeigt werden, weil noch niemand zuvor eine ganze Giraffe mit Kontrast gebendem, bis in die Hautarterien vordringendem Kunststoff injiziert hat.

Im Laufe der letzten Jahre sind immer mehr interessante Tierplastinate entstanden. Doch erst der Tod von Elefantenkuh „Samba“ nach einer Herz-Kreislauf-Schwäche im Februar 2005 und die Fertigstellung dieses weltweit ersten Elefantenplastinats brachten mich auf die Idee, eine anatomische Tierausstellung vorzubereiten.

Mit der Bearbeitung der Elefantenkuh entsprach ich dem Wunsch von Neunkirchens Zoo-Direktor Dr. Norbert Fritsch, der den riesigen Körper dem Institut für Plastination übereignete und im Gegenzug dafür die Zusage zur Erstausstellung dieses riesigen Plastinats im Saarland erhielt. „Wir sind froh, dass unserer ‚Samba' die Entsorgung zu Tierfett erspart blieb und sie in buchstäblicher letzter Minute aus der Tierkörperverwertungsanstalt gerettet wurde", so Dr. Fritsch. Deshalb zögerte er keinen Moment, mir auch den toten Körper der Elefantenkuh „Chiana“ kostenlos zu überlassen, nachdem das Tier wegen eines Beinbruchs und Nierenversagens im April 2006 eingeschläfert werden musste.

Schnell nahm damals die Idee zur ersten Tierausstellung in meinem Kopf konkrete Formen an. Schließlich entstand eine mit Kuratorin Dr. Angelina Whalley in Form und Zusammensetzung komplett neu konzipierte Tierausstellung. Die meisten Präparate, wie die Elefanten oder die Pferdeköpfe, waren bis dahin noch nirgendwo zu sehen. Nur wenige Plastinate wie der Gorilla, das Pferd, die Giraffe oder der Strauß wurden in bisherigen KÖRPERWELTEN Ausstellungen gezeigt. Jedoch waren noch nie so viele Tiere auf einmal und didaktisch aufbereitet zu sehen wie in den *KÖRPERWELTEN der Tiere* – der Arche Noah der Moderne.

Die in der Ausstellung gezeigten Tiere sind alle eines natürlichen Todes gestorben. Sie sind Spenden von nationalen wie internationalen Zoologischen Gärten und Tierparks, die teilweise anonym bleiben wollen. Andere Einrichtungen sind mit der Veröffentlichung der Herkunft einverstanden, wie etwa der Zoo Hannover mit der Spende des Flachlandgorillas „Artis“ oder der Zoo Neunkirchen mit den zur Verfügung gestellten Elefanten „Samba“ und „Chiana“ sowie einer Giraffe, um nur einige Tiere zu nennen. Das Institut für Plastination ist auf Tierspenden angewiesen und an weiteren Spenden interessiert.

Herstellungsverfahren

Wie wir Menschen bestehen Tiere größtenteils aus Wasser. Dieses ist für das Leben, aber auch für die Verwesung unverzichtbar. Das Gewebswasser wird bei der Plastination durch Reaktionskunststoffe wie Silikonkautschuk, Epoxidharz oder Polyesterharz in einem speziellen Vakuumverfahren ersetzt. Die Körperzellen und das natürliche Oberflächenrelief bleiben dabei bis in den mikroskopischen Bereich hinein identisch mit ihrem Zustand vor der Konservierung. Die Präparate sind trocken und geruchsfrei und damit im wörtlichen Sinne „begreifbar".

Mit der Erfindung der Plastination ist es erstmals möglich geworden, natürliche anatomische Präparate dauerhaft, naturgetreu und auf ästhetische Weise für Lehre, Forschung und die allgemeine Aufklärung zu konservieren. Natürliche Präparate sind für die medizinische Ausbildung wie auch für den Laien besonders wertvoll, denn der komplizierte Aufbau des Bewegungsapparates und der Organe sowie deren Lagebeziehungen zueinander lassen sich in ihrer dreidimensionalen Komplexität nicht allein aus Büchern und Bildern erfassen. Noch so gute Bilder können das Original nicht ersetzen. Künstliche anatomische Modelle können ebenfalls nur begrenzt zum Verständnis der Anatomie beitragen, weil sie schematisiert sind, keine feinen Details zeigen.

Über die didaktischen Eigenschaften hinaus geht von den Plastinaten eine Faszination aus, die vor allem in der Echtheit der Präparate begründet ist. Die Plastination stoppt Verwesung und Vertrocknung so vollkommen, dass das Körperinnere aufhört, Gegenstand von Ekel zu sein. Kein Geruch belästigt die Betrachtung.

Das schöne Plastinat, erstarrt zwischen Sterben und Verwesung, ermöglicht eine völlig neuartige sinnliche Erfahrung.

Mit Silikon plastinierte Präparate werden mit einem speziellen Gas gehärtet

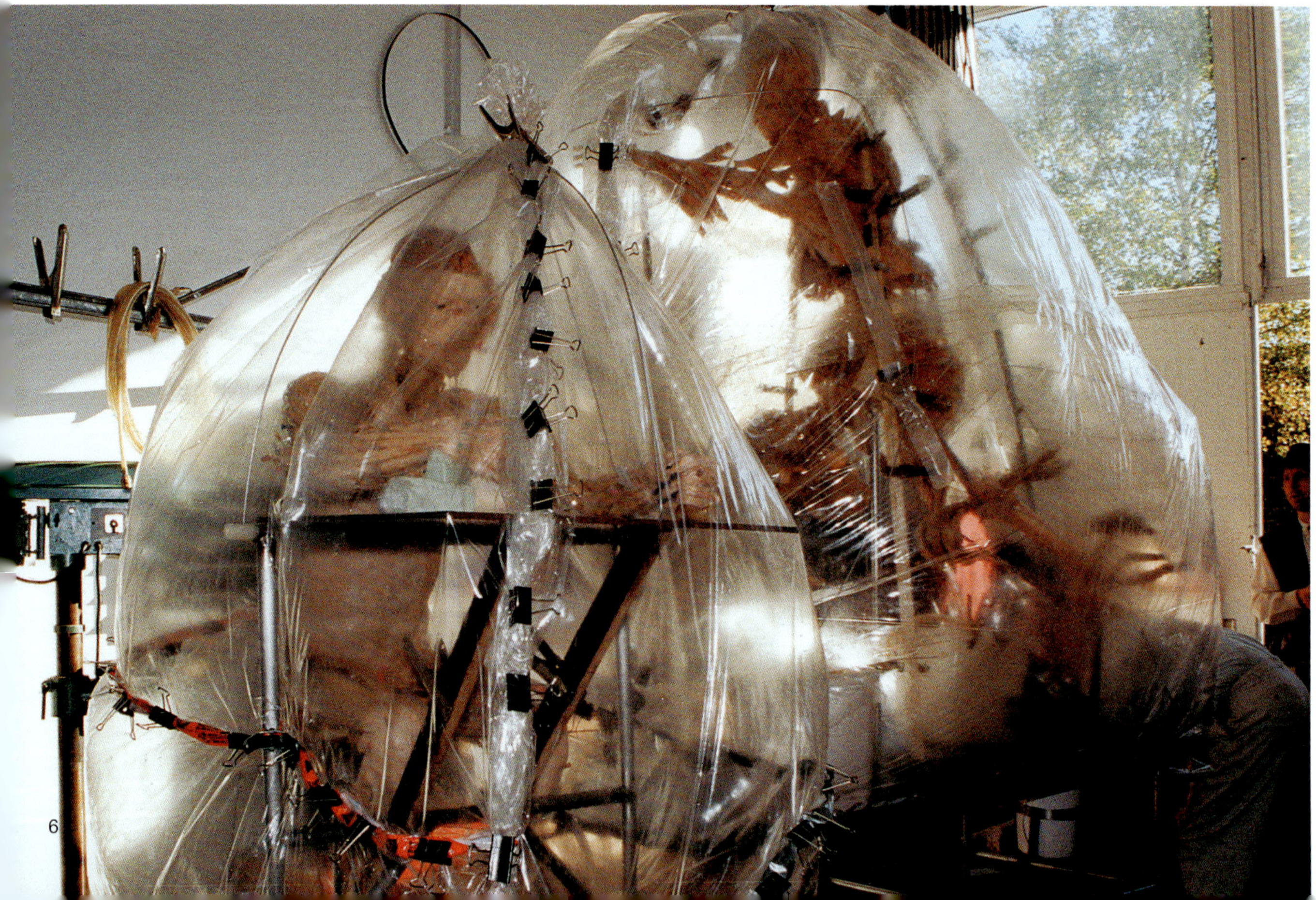

Die forcierte Imprägnierung. Azeton perlt im Vakuum aus dem Präparat heraus und wird kontinuierlich abgesaugt

Durch ihre lebensnahe Qualität werden Plastinate zur optisch ansprechendsten Darstellungsform tierischer Dauerpräparate. Dies zeigt sich besonders bei transparenten plastinierten Körperscheiben, die bis in den Lupenbereich hinein anatomische Strukturen sichtbar machen. Die unbegrenzte Haltbarkeit von Plastinaten macht eine zuvor nicht sinnvolle, aufwändige präparatorische Feinarbeit vertretbar. 1.500 Arbeitsstunden und mehr stecken in einem detailliert präparierten Ganzkörperplastinat eines menschlichen Körpers. Dagegen benötigten mein Team und ich mehr als 8.000 Arbeitsstunden, 8.000 Liter Azeton und 12.000 Liter Alkohol zur Herstellung des Pferdeplastinats mit Reiter.
Bei der Plastination des 3,2 Tonnen schweren Elefanten war der Aufwand noch viel höher. Meine Mitarbeiter und ich arbeiteten insgesamt 64.000 Stunden an „Samba". Rund 4 Tonnen Silikon und 40.000 Liter Azeton waren notwendig, um das gewaltige Landtier mit einer Größe von 6 mal 3,50 Meter wiederauferstehen zu lassen.

Da Weichteile wie Muskeln und Haut durch die Plastination verfestigt werden, können völlig neuartige Präparatetypen entstehen, so zum Beispiel ca. 3 mm dünne transparente Körperscheiben.

Das Verfahren der Plastination ist im Prinzip einfach. Wie die Abbildung auf Seite 8 zeigt, entsteht ein Plastinat durch zwei wesentliche Austauschschritte. Im ersten Schritt wird Gewebswasser per Diffusion durch Azeton ersetzt. Im zweiten Schritt wird dann das im Präparat befindliche Azeton im Vakuum gegen Reaktionskunststoffe ausgetauscht, die speziell für diese Technik entwickelt wurden. Nach Entnahme aus dem Kunststoffbad erfolgt die Härtung zum Plastinat.

Der entscheidende Trick, mit dem der flüssige Kunststoff bis in die letzte Zelle des Präparates geschleust wird, ist die forcierte Vakuumimprägnierung. So wie sich das Baby die Milch durch Unterdruck aus der Brust saugt, wird dem Präparat im Vakuum Azeton entzogen. Dadurch entsteht ein Volumendefizit im Präparat, das den Kunststoff in das Gewebe einfließen lässt. Allmählich füllt sich das Präparat mit Kunststoff. Physikalisch gesprochen wird hier die Dampfdruckdifferenz zwischen dem flüchtigen Intermedium Azeton und einer hochsiedenden Kunststofflösung genutzt. Dünne Körperscheiben brauchen dazu nur Tage, ganze präparierte Körper hingegen Wochen. Erst wenn das Vakuum unter ein Hundertstel des normalen Luftdrucks (< 5 mm Hg) gefallen ist und sich nur noch vereinzelt Azetonblasen aus dem Präparat herausquälen, wird das Präparat dem Kunststoffbad entnommen und gehärtet.

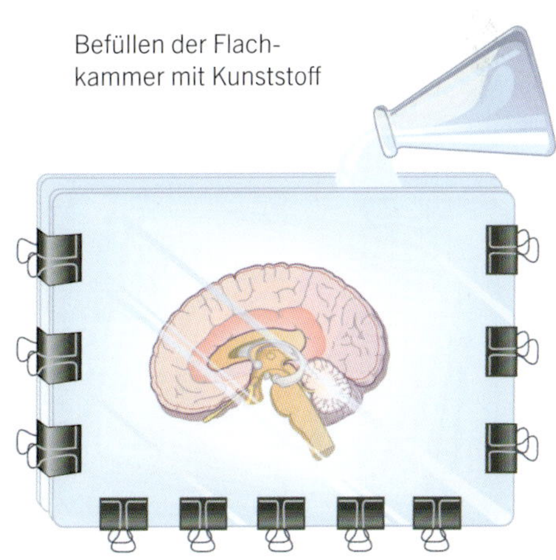

Scheibenplastination. Die kunststoffimprägnierte Gewebescheibe wird zusätzlich in einer Flachkammer mit Kunststoff umgossen.

DAS **PLASTINATIONS**VERFAHREN

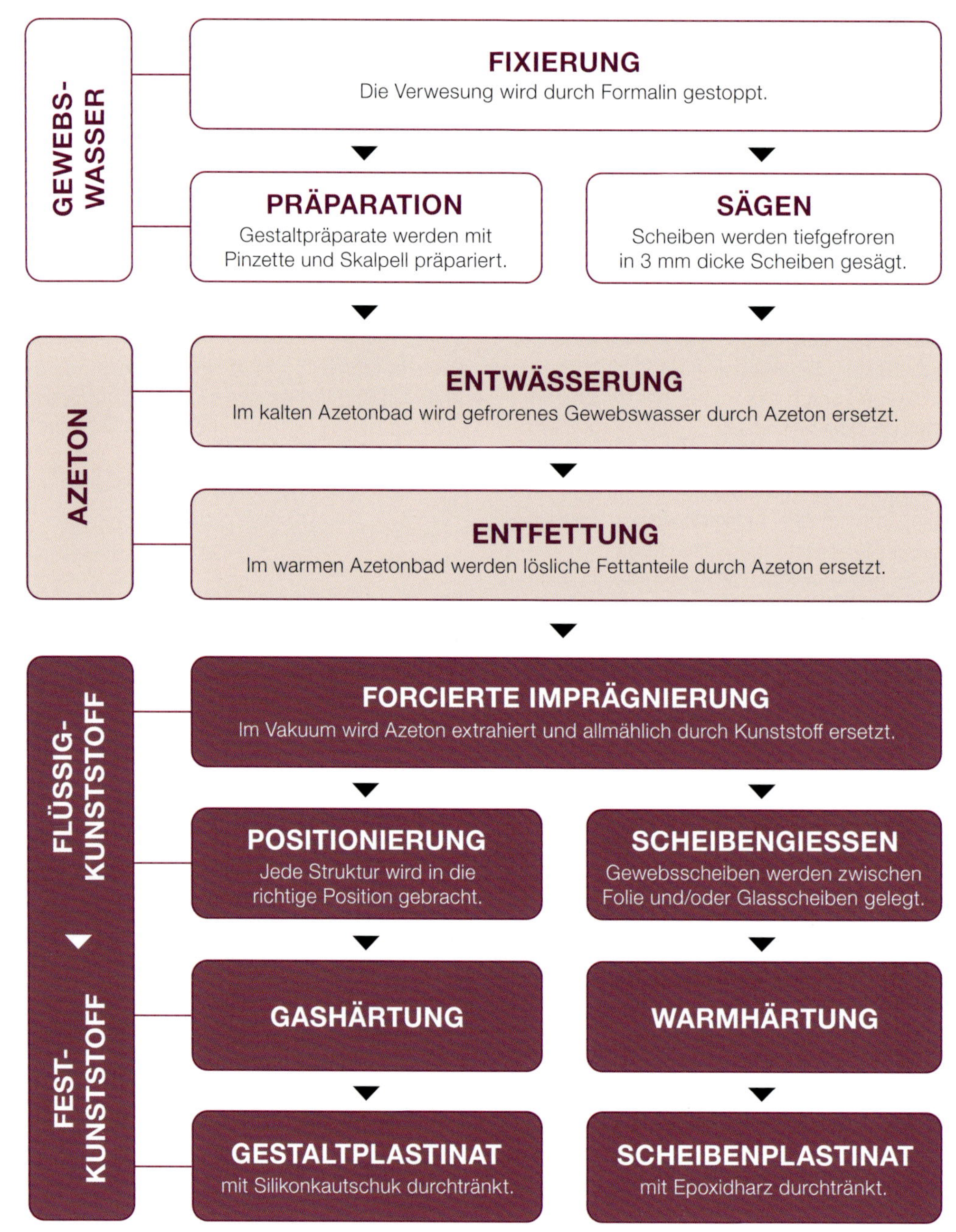

Die Silikonplastination in der Übersicht

1. Fixierung und anatomische Präparation

Zunächst wird der Verwesungsprozess gestoppt, indem über die Arterien Formalin in den Körper injiziert wird. Es tötet sämtliche Bakterien ab und verhindert durch chemische Prozesse den Zerfall des Gewebes. Mit Pinzette, Skalpell und Schere werden dann Haut, Fett- und Bindegewebe entfernt und die einzelnen anatomischen Strukturen freigelegt.

Der Plastinationsprozess selbst basiert auf zwei Austauschprozessen:

2. Entwässerung und Entfettung

In einem ersten Schritt werden das Körperwasser und lösliche Fette durch Einlegen in ein Lösungsmittelbad (z.B. Azeton) herausgelöst.

3. Forcierte Imprägnierung

Der zweite Austauschprozess ist der zentrale Schritt in der Plastination. Hier wird das Azeton gegen Reaktionskunststoff, z.B. Silikonkautschuk, ausgetauscht. Dazu wird das Präparat in eine Kunststofflösung eingelegt und in eine Vakuumkammer gestellt. Das Vakuum saugt das Azeton aus dem Präparat heraus und lässt den Kunststoff bis in die letzte Zelle eindringen.

4. Positionierung

Im Anschluss an die Vakuumimprägnierung wird der Körper in die gewünschte Pose gebracht, jede einzelne anatomische Struktur korrekt positioniert und mit Hilfe von Drähten, Nadeln, Klammern und Schaumstoffblöcken fixiert.

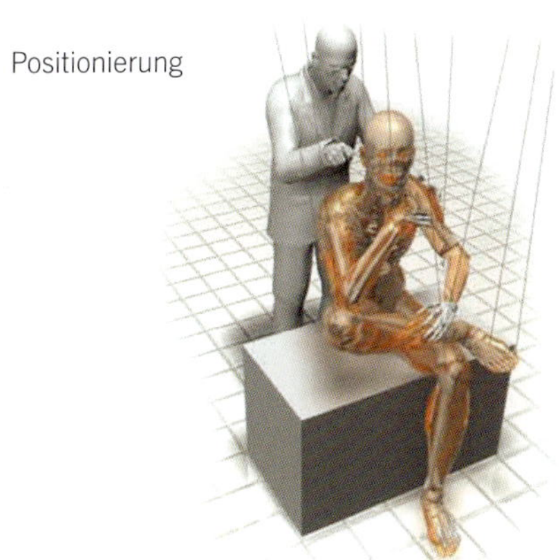
Positionierung

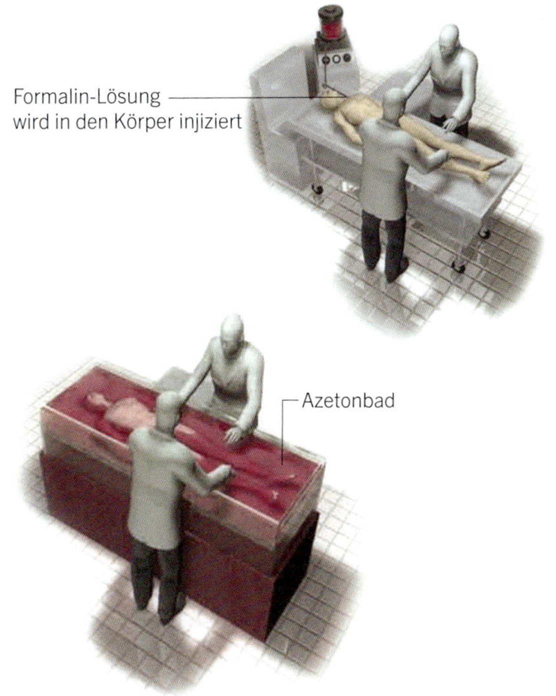

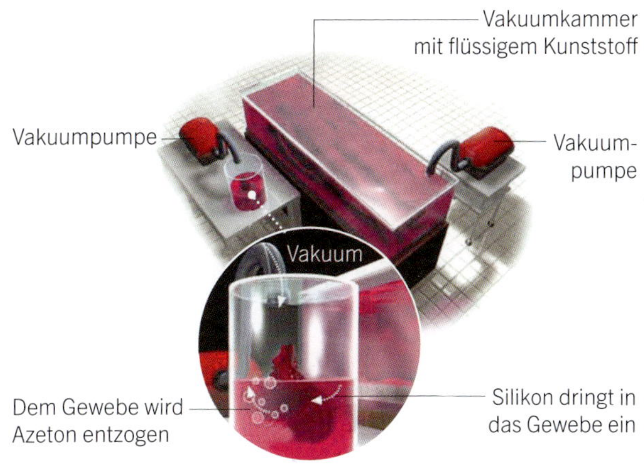

5. Härtung

In einem letzten Schritt wird das Präparat gehärtet, je nach verwendetem Kunststoff mit Gas, Licht oder Wärme.

Die Präparation und Plastination eines ganzen Körpers erfordert rund 1.500 Arbeitsstunden und ist meist nach einem Jahr abgeschlossen.

Mit freundlicher Genehmigung der DENVER POST

Gunther von Hagens und sein Team bei der Positionierung des Großplastinates „Scheuendes Pferd mit Reiter“ (2000)

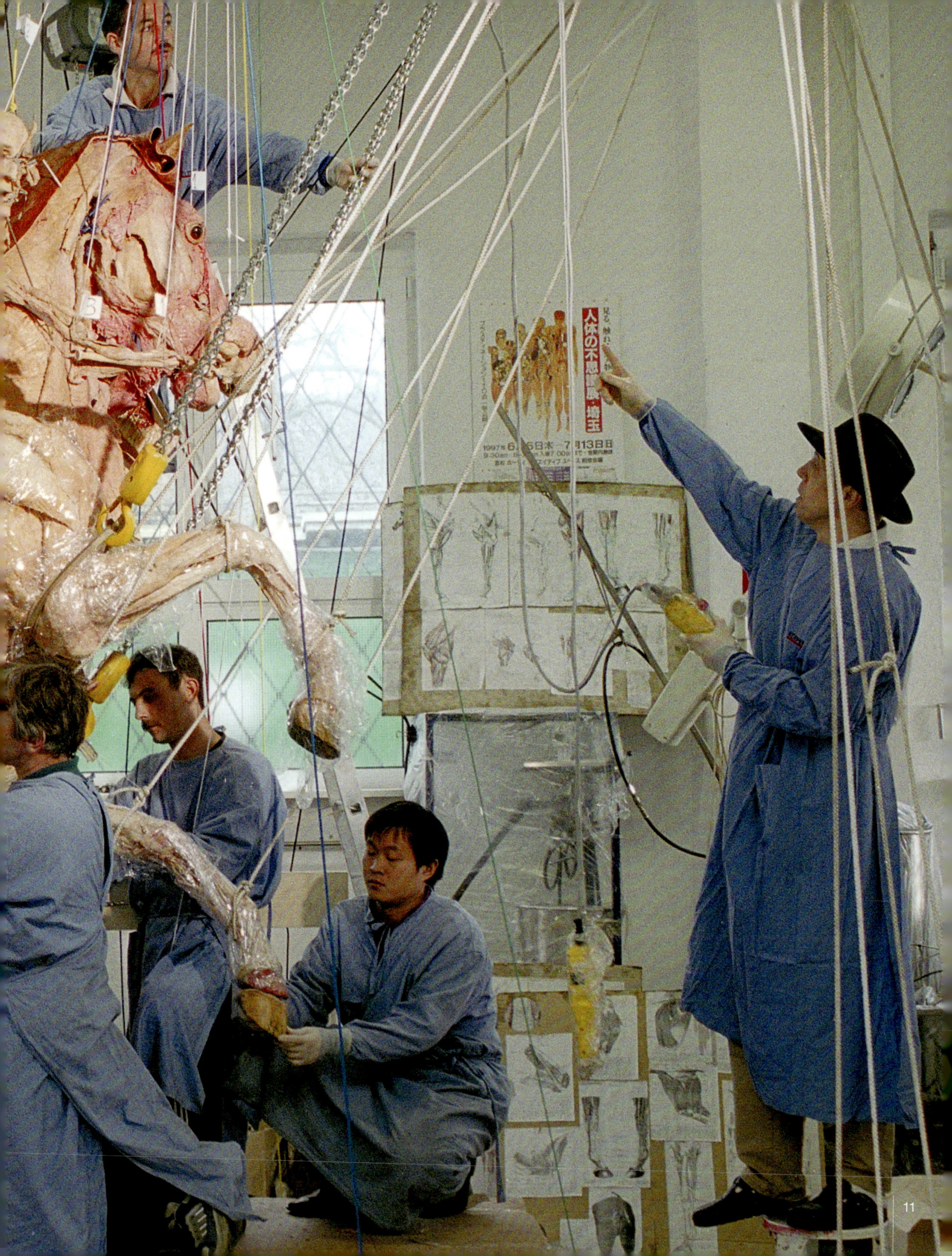
人体の不

Plastinationsidee

Das Verfahren der Plastination habe ich 1977 am Anatomischen Institut der Universität Heidelberg erfunden, in den Jahren 1977-82 patentiert und seither kontinuierlich weiterentwickelt. Alles begann recht unspektakulär. Als ich als Anatomieassistent zum ersten Mal in Kunststoffblöcke eingebettete Präparate sah, fragte ich mich, warum der Kunststoff wohl um das Präparat als Block herumgegossen worden war, statt im Präparat zu sein und es von innen heraus zu stabilisieren. Die Frage ließ mich nicht mehr los. Wochen später hatte ich für ein Forschungsprojekt Serienschnitte von menschlichen Nieren anzufertigen. Das übliche Einbetten der Nieren in Paraffin und das Schneiden in feinste Serienscheiben erschien mir als zu aufwändig, brauchte ich davon doch nur jede fünfzigste Scheibe. Im Universitätslädchen kam mir beim Betrachten der Schinken schneidenden Verkäuferin die Idee: Eine Wurstschneidemaschine sollte ich zum Nierenschneiden verwenden. So kam es, dass eine „Rotationsschneidemaschine", wie ich sie im Investitionsantrag nannte, zur ersten Plastinationsinvestition wurde. Zur Einbettung der Nierenscheiben verwendete ich flüssiges Plexiglas. Die beim Einrühren des Härters eingeschleusten Luftblasen mussten im Vakuum extrahiert werden. Die Betrachtung dieser Blasen führte nun zur entscheidenden Idee: Ein mit Azeton durchtränktes Nierenstück sollte sich doch unter Vakuumbedingungen mit Kunststoff imprägnieren lassen, und zwar durch Extraktion des Azetons in Form von Blasen, wie zuvor beim Entlüften. Beim Versuch traten in der Tat reichlich Azetonblasen aus dem Präparat heraus, aber nach einer Stunde war das Nierenstück kohlrabenschwarz und geschrumpft. Die meisten hätten wohl das Versuchsergebnis als untauglich verworfen. Nur weil ich von meinem physikalisch-chemischen Basiswissen her wusste, dass die Schwarzfärbung auf den Lichtbrechungsindex des Plexiglases und die Schrumpfung auf zu schnelles Imprägnieren zurückzuführen waren, wiederholte ich eine Woche später das Experiment mit flüssigem Silikonkautschuk. Ich imprägnierte langsam und, um die vorzeitige Härtung des Silikonbades samt inliegender Präparate zu vermeiden, in drei Silikonbädern nacheinander. Nach der Härtung im Wärmeofen hatte ich das erste vorzeigbare Plastinat in der Hand. Das war am 10. Januar 1977 – dem Tag, an dem ich mich entschied, die Plastination in den Mittelpunkt meines Lebens zu stellen.

Die Plastinate der ersten Stunde sahen aber alles andere als ansprechend aus. Die Oberflächen waren mit Kunststoff verschmiert. Transparente Gewebescheiben waren voller Luftblasen, und nicht selten verendeten Präparate im vorzeitig polymerisierten Kunststoffbad. Erst mit einer ganzen Reihe weiterer Erfindungen konnte ich in den vergangenen 30 Jahren die Plastination von der kaum praktikablen Idee zur anerkannten Konservierungstechnologie entwickeln. Wesentliche Erfindungen und Entwicklungen waren dabei notwendig.

Anatomiekunst

Die Anatomie der Tiere präsentiert biologische Sachverhalte so, dass geradezu zwangsläufig ästhetische Erfahrungen entstehen. Erlebnis und Wissen werden hier gleichsam zusammengeführt. Denken und Fühlen stehen sich in der Betrachtung der Tierplastinate nicht feindlich gegenüber. Obwohl die ästhetische Ausstrahlung und Wirksamkeit der Präparate mit vom Betrachter abhängt, kann sich doch fast niemand ihrer Faszination entziehen. Wie die Blüten der Pflanzen in erster Linie ihrer Form und Farbe wegen und nicht aufgrund ihrer Funktionen gemocht werden, so ist für die meisten die innere Gestalt der Tiere eindrucksvoller als deren Funktionen. Viele möchten einfach nur die Formvielfalt der tierischen Organe in Augenschein nehmen. Natürlich leitet deren Betrachtung auch zu der Frage nach ihren Funktionen über. Doch ob und wieweit die Tierplastinate einen aufklärenden Charakter besitzen, hängt auch vom Grad des Interesses und vom Stand des Vorwissens der Besucher ab.

Beim betrachtenden Erfassen der Plastinate, vor allem der Ganzkörperplastinate von Tieren, sind Gefühl und Verstand beteiligt. Das Gefühl wirkt unmittelbar, ohne dass es einem bewusst wird. Die ästhetische Pose der Plastinate vertreibt den Ekel, und deren Eindringlichkeit fördert die sinnliche Erkenntnis. Gerade in einer Ausstellung für Laien, die nicht zur Anatomielehrstunde, sondern zum „Schauen" in die Ausstellung gekommen sind, ist das direkte, unmittelbare Begreifen ohne wortreiche Erklärungen wichtig. Es ist durchaus zulässig, das Körperinnere eines Tieres mit eigenen Augen lediglich anzuschauen.

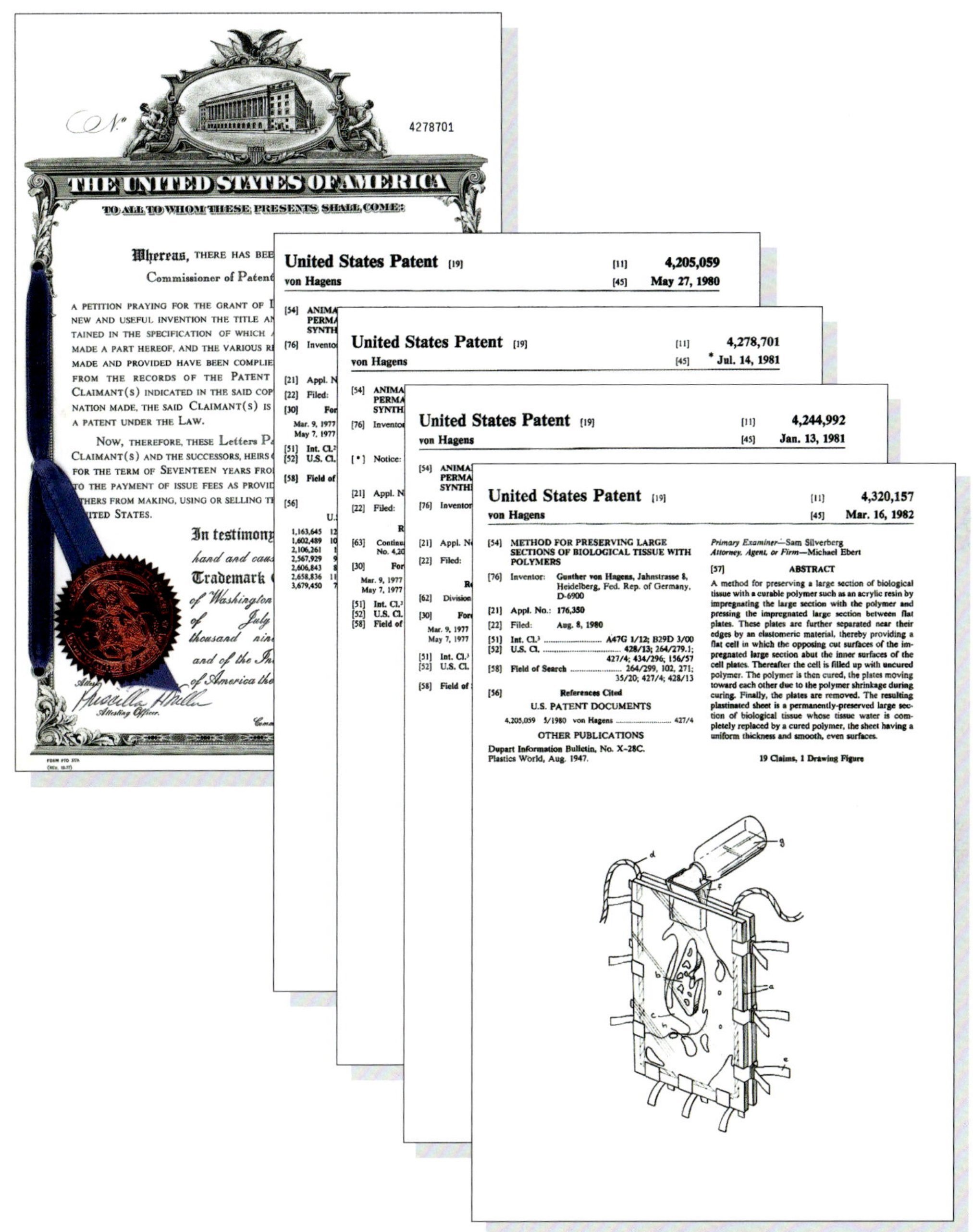

No 4278701

THE UNITED STATES OF AMERICA

TO ALL TO WHOM THESE PRESENTS SHALL COME:

United States Patent [19] von Hagens [11] 4,205,059 [45] May 27, 1980

United States Patent [19] von Hagens [11] 4,278,701 [45] * Jul. 14, 1981

United States Patent [19] von Hagens [11] 4,244,992 [45] Jan. 13, 1981

United States Patent [19]
von Hagens

[11] **4,320,157**
[45] **Mar. 16, 1982**

[54] METHOD FOR PRESERVING LARGE SECTIONS OF BIOLOGICAL TISSUE WITH POLYMERS

[76] Inventor: Gunther von Hagens, Jahnstrasse 8, Heidelberg, Fed. Rep. of Germany, D-6900

[21] Appl. No.: 176,350

[22] Filed: Aug. 8, 1980

[51] Int. Cl.³ A47G 1/12; B29D 3/00

[52] U.S. Cl. 428/13; 264/279.1; 427/4; 434/296; 156/57

[58] Field of Search 264/299, 102, 271; 35/20; 427/4; 428/13

[56] References Cited

U.S. PATENT DOCUMENTS

4,205,059 5/1980 von Hagens 427/4

OTHER PUBLICATIONS

Dupart Information Bulletin, No. X-28C.
Plastics World, Aug. 1947.

Primary Examiner—Sam Silverberg
Attorney, Agent, or Firm—Michael Ebert

[57] ABSTRACT

A method for preserving a large section of biological tissue with a curable polymer such as an acrylic resin by impregnating the large section with the polymer and pressing the impregnated large section between flat plates. These plates are further separated near their edges by an elastomeric material, thereby providing a flat cell in which the opposing cut surfaces of the impregnated large section abut the inner surfaces of the cell plates. Thereafter the cell is filled up with uncured polymer. The polymer is then cured, the plates moving toward each other due to the polymer shrinkage during curing. Finally, the plates are removed. The resulting plastinated sheet is a permanently-preserved large section of biological tissue whose tissue water is completely replaced by a cured polymer, the sheet having a uniform thickness and smooth, even surfaces.

19 Claims, 1 Drawing Figure

Patentrechte

Das Verfahren das Plastination wurde durch eine Reihe von Patenten, vor allem in den USA, geschützt. Die nicht kommerzielle Herstellung von Präparaten für die medizinische Lehre oder für Ausstellungen in Museen unterliegt jedoch keinen Beschränkungen.

Wenngleich Plastinate keine künstlerischen Ansprüche erfüllen sollen und ich auch keinen künstlerischen Zweck mit ihnen verfolge, können sie aber durchaus künstlerischen Kriterien genügen. Wie Kunstwerken sind attraktiven Gestalt-Plastinaten die ästhetische Wirkung und die emotionale Bewertung eigen.

Zur Vermeidung von Missverständnissen habe ich den Begriff „Anatomiekunst" eingeführt. Darunter verstehe ich die „ästhetisch-instruktive Darstellung des Körperinneren". Die Darstellung ist dabei sowohl im Sinne von Präsentation als auch von kunsthandwerklicher Tätigkeit zu verstehen.

Die so verstandene Anatomiekunst steht in der Tradition der Renaissance, als Kunst von Können kam; sie erfährt eine Weiterentwicklung in der Plastination, weil mit dieser Konservierungsmethode erstmals Weichteile wie Muskeln oder Fettpolster beliebig verfestigt werden konnten. So können völlig neuartige Präparatetypen entstehen. Das sind zum einen 3 mm dünne Körperscheiben, die so durchsichtig und farbenfroh wie bemaltes Glas erscheinen. Zum anderen erlaubt die Verfestigung von Weichteilen eine ästhetisch-instruktive Körperfragmentierung, die nach Fragmentverschiebung oder Aufklappen von Körpertüren neue Körperansichten ermöglicht.

Hiervon abgesehen, trägt natürlich die Echtheit der Präparate besonders zur Faszination der Ausstellung bei. Gerade in der heutigen Medienwelt, wo der Bürger zunehmend indirekt informiert wird, hat sich der Einzelne ein feines Gefühl dafür bewahrt, dass die Kopie immer geistig „vorverdaut" und deshalb stets Interpretation ist. Insofern befriedigt die Ausstellung *KÖRPERWELTEN der Tiere* die große Sehnsucht des Menschen nach unverfälschter Originalität.

Entdeckende Anatomie

Der Besuch der *KÖRPERWELTEN der Tiere* gleicht einer Reise zur Tierbeobachtung. So gesehen ist sie eine Art Safari, auf der einerseits jedes Tier für sich betrachtet werden möchte, andererseits Vergleiche zwischen den verschiedenen Tieren angestellt werden können.

Allgemein wird das Reich der Tiere unterteilt in Stämme, Klassen, Ordnungen, Familien, Gattungen und Arten. So banal es klingt, bemerkenswert ist es doch: Die Gliederung des Körpers in Kopf, Rumpf und Extremitäten ist für den Bau aller Wirbeltiere charakteristisch. Auch gehört zu den Gesetzmäßigkeiten aller Wirbeltiere die Polarität: Am einen Pol ist die Öffnung für die Nahrungsaufnahme, am entgegengesetzten Pol der Ausgang des Verdauungsapparats. Darüber hinaus sind alle Wirbeltiere bilateral weitgehend symmetrisch: Der Körper lässt sich durch einen Querschnitt in zwei spiegelbildlich gleiche Hälften teilen, die sich in Kontur und Symmetrie fast gänzlich entsprechen.

Die Knochen des Skeletts sind entweder fest oder beweglich miteinander verbunden; die Gelenke können zwei oder mehrere Knochen gegeneinander frei bewegen.

Auf besonders beeindruckende Weise zeigt sich die Komplexität des Tierkörpers im Spiel des Muskelsystems. Allgemein wird zwischen quergestreifter und glatter Muskulatur sowie Herzmuskulatur unterschieden. Jeder Muskel ist ein aus verschiedenen Elementen aufgebautes Organ. Das spezifische Gewebe des Skelettmuskels ist das quergestreifte Muskelgewebe. Durch das Nervensystem angeregt, übt ein Muskel einen Zug auf den Knochen aus, an dem er durch Sehnen befestigt ist. Selbst im erschlafften Zustand besitzt der Muskel eine vom Nervensystem abhängige Spannung,

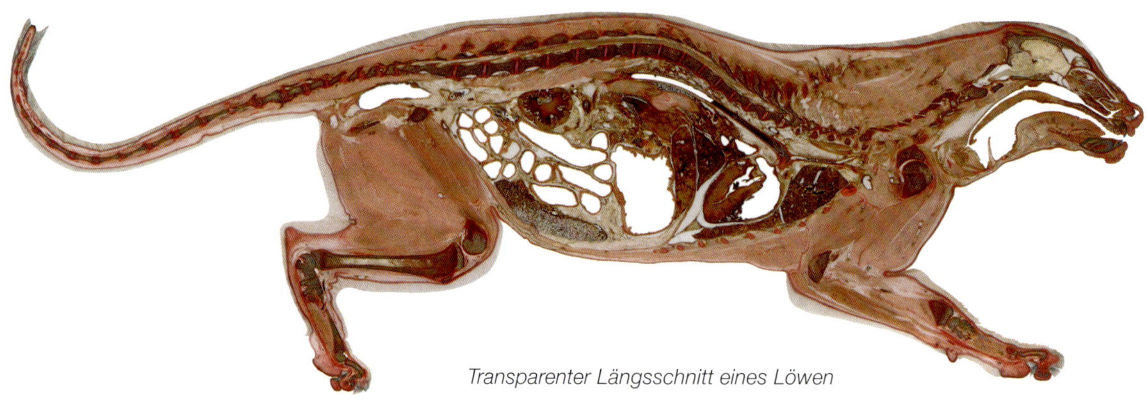

Transparenter Längsschnitt eines Löwen

die Tonus genannt wird. Die quergestreiften Muskeln haben verschiedene Funktionen. Abgesehen davon, dass sie die Blutzirkulation unterstützen und Wärmbildner des Körpers darstellen, verbinden sie auch Brustkorb und Becken und tragen auf diese Weise die Eingeweide. Insbesondere jedoch dienen sie der Bewegung des Kopfes, der Extremitäten und des Rumpfes, den sie bei entsprechenden Reizen durch das Nervensystem seitwärts biegen, verdrehen, anheben und absenken können.

Die quergestreifte Muskulatur befindet sich überwiegend an der Leibeswand und den Extremitäten. Sie wird gleichsam durch das Lebewesen selbst gesteuert. Die glatte Muskulatur und Herzmuskulatur dagegen arbeiten gewissermaßen unabhängig vom Lebewesen. Sie sind für die inneren Vorgänge des Organismus wie etwa die Verdauung zuständig. Lunge, Mittel- und Enddarm bestehen aus glatter Muskulatur.

In der Ausstellung gibt es eine Reihe bemerkenswerter Übereinstimmungen zwischen den Lebewesen zu bestaunen. Dazu gehören auch die sieben Halswirbel von Mensch und Pferd, die hierin mit fast allen Säugetieren übereinstimmen. Selbst Giraffen haben nur sieben Halswirbel; dagegen haben beispielsweise Zweizehenfaultiere bloß sechs und Dreizehenfaultiere neun.

Überhaupt können bei vielen oder allen Gliedern einer Tiergruppe die gleichen Organe ausgemacht werden. Das bekannteste Beispiel hierfür sind die Vorderextremitäten der Wirbeltiere: Die Brustflossen der Fische, Vorderbeine der Amphibien, Reptilien und Säuger, die Vogelflügel und menschlichen Arme sind stammesgeschichtlich miteinander verwandt. Man nennt diese Übereinstimmung „Homologie“.

Von „Analogie“ spricht man dagegen mit Bezug auf Organe, die zwar die gleiche Funktion haben, stammesgeschichtlich aber nicht miteinander verwandt sind. Sie nutzen lediglich die gleichen Lebensräume in ähnlicher Weise. Solche analogen Organe sind etwa die Lunge der Säugetiere und Kiemen der Fische oder die Insekten- und Vogelflügel.

Unter „Konvergenz“ versteht man hingegen die Ähnlichkeit einiger Organe hinsichtlich ihrer Gestalt bei Lebewesen, die phylogenetisch nicht miteinander verwandt sind. Diese Übereinstimmungen sind meist durch Anpassung unterschiedlicher Tiergruppen an gleiche Umweltbedingungen entstanden. So haben etwa Haie, Fische und Delphine einen stromlinienförmigen Körper mit Rückenflosse.

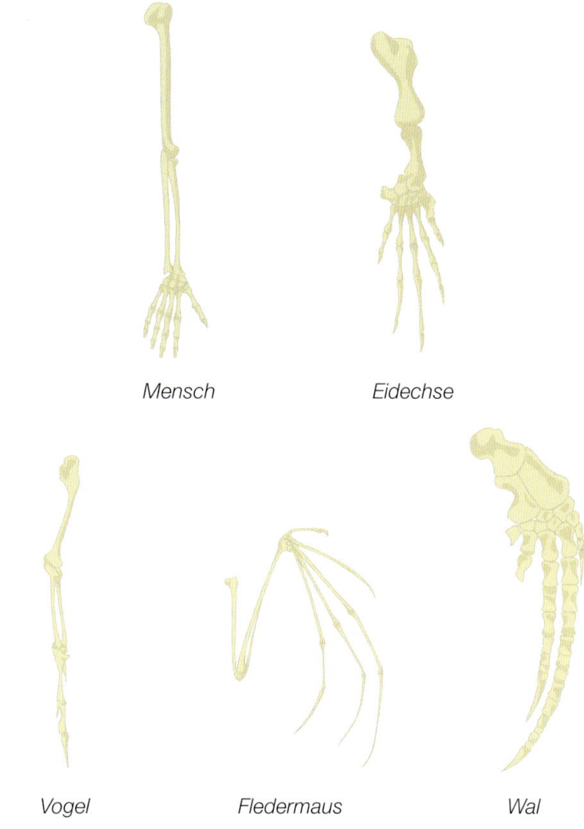

Die vorderen Gliedmaßen vieler Tiere weisen große Ähnlichkeiten auf, weil sie einen gemeinsamen evolutionären Ursprung haben. Diese Ähnlichkeit nennt man Homologie

Aus alledem geht hervor: Nicht alles, was gleich aussieht, ist auch schon gleichartig.

In den *KÖRPERWELTEN der Tiere* gibt es viel zu entdecken. Hier wurden nur einige wenige Beispiele genannt. Weitere ließen sich ergänzen. Die Ausstellung möchte eine intensive Beschäftigung mit der Anatomie und Biologie der Tiere anstoßen. Sie möchte das Interesse des Einzelnen verstärken, die anatomischen Form- und Funktionszusammenhänge der Tiere besser zu verstehen. Doch möchte sie auch unseren Sinn für das Außergewöhnliche am Selbstverständlichen schärfen. Hierzu eignen sich besonders gut die beeindruckenden Großtierplastinate: Elefant, Giraffe, Pferd.

Großtiere wirken großartig

Dass Großtierplastinate großartig wirken, ist nicht weiter verwunderlich, bedenkt man, dass fast alles Große den Menschen fasziniert. Der ästhetische Eindruck eines anschaulichen Gegenstandes beruht nicht bloß auf seiner Form, auch sein Größenmaß bindet das sinnlich-geistige Auge. Wie häufig löst die überwältigende Masse ausgedehnter Dinge, die jedes Mittelmaß überschreiten, stille Ehrfurcht und verblüfftes Erstaunen aus! Allerdings verzücken auch filigrane Formen wie herauspräparierte Nervenplastinate oder Arte-rienpräparate aus Tausenden dünner Bahnen, die zusammen ein komplexes Netzwerk bilden.

Näher betrachtet gibt es nichts Großes an sich. Groß zu sein, ist überhaupt keine Eigenschaft, die einem Gegenstand selbst zukommt, sondern ein Merkmal, das wir den Dingen zuschreiben. Das weite Meer, der hohe Berg und der gestirnte Himmel sind genauso wenig „an sich" groß, wie sie „an sich" schön oder hässlich sind. Das alles sind sie bloß in unseren Vorstellungen, deren Einschätzungen und Bewertungen von kulturell beeinflussten Maßstäben abhängen. Die messbare Größe entscheidet nicht darüber, ob wir einen Gegenstand für groß halten. Das Große unterliegt einer ästhetischen Schätzung in der Betrachtung durch Vergleich,

Monumente wie die Statuen von Pharao Ramses II. im ägyptischen Abu Simbel beeindrucken uns dadurch, dass wir aufgrund unserer physischen wie historischen Dimension daneben nichtig wirken.

wie der Aufklärungsphilosoph Immanuel Kant betont. Großes gibt es nur, weil es auch Kleines gibt. Je kleiner und ohnmächtiger wir Menschen uns vor dem Wahrgenommenen fühlen, umso größer und mächtiger erscheint uns das betrachtete Objekt.

Naturphänomene wie hohe Gebirgsmassen oder der grenzenlose Ozean, aber auch Kulturschöpfungen wie die riesigen Buddhastatuen Asiens, die ägyptischen Pyramiden oder die Skylines Manhattans wirken deshalb so großartig, weil sie den Maßstab der Sinne fast übersteigen. Eine ähnliche Wirkung können die Großtiere in der Ausstellung hervorrufen, vor denen sich der Betrachter klein und ohnmächtig vorkommt.

Jedoch wirken sie auch deshalb so großartig auf uns, weil sie das Vertraute, Gewohnte, Alltägliche durchbrechen, indem sie Unvermutetes, bis dahin kaum Vorstellbares sichtbar machen. Hiermit verhält es sich wie mit den Höhlenbewohnern, die zum ersten Mal auf die Erdoberfläche treten, um das Licht der Sonne zu erblicken, oder mit jenen Landbewohnern, die erstmals hohe Berge und das weite Meer zu Gesicht bekommen: Sie staunen – und dabei tritt zur quantitativen Vorstellung außergewöhnlicher Größe fast von selbst die qualitative Bewertung der Großartigkeit hinzu. Ähnlich ergeht es dem unvorbereiteten Ausstellungsbesucher mit den Großtierplastinaten, deren Formenvielfalt und Größenmaß die Betrachter in Verblüffung versetzt.

Verletzliche Natur

Nun möchte die Ausstellung aber nicht bloß anatomisch belehren und ästhetisch faszinieren, sondern auch auf die Verletzlichkeit der Tierwelt aufmerksam machen. Sie möchte einen Beitrag leisten zur höheren Wertschätzung bedrohter Arten. Wir können von den Menschen nur dann einen respektvollen Umgang mit anderen Lebewesen erwarten, wenn sie über ein fundiertes Wissen über die Wunder und Eigenarten ihrer Natur verfügen. Allerdings wird ein alles verklärender und beschönigender Blick der Tierwelt nicht gerecht, da sie keineswegs nur liebenswert und gut, sondern auch reich an zerstörerischen Kräften ist.

Die Natur übernimmt keinerlei Verantwortung für das Leben: Die Katze lässt das Mausen nicht, und der Löwe jagt und frisst die Antilope, von deren Überlebensinteresse völlig ungerührt. Außerdem verhält sich die Natur durch ihre Geschichte hindurch ebenso verschwenderisch mit dem Erzeugen und Zerstören ihrer Formen. Zweifellos ist es schlimm, dass gegenwärtig rund 16.000 Arten aufgrund menschlicher Rücksichtslosigkeit von unserem Globus für immer zu verschwinden drohen. Aber mehr als 99 % aller Tier- und Pflanzenarten sind im Laufe der Entwicklungsgeschichte bereits ohne Zutun der Menschen auf natürliche Weise ausgestorben.

Tiere besitzen bestenfalls Abwehrrechte dem Menschen gegenüber, die ihm die gewaltsame Zerstörung von Tierarten untersagen, aber so gut wie keine Anspruchsrechte, welche von ihm den Schutz aller Lebewesen verlangen würden. Wir können den Löwen nicht davon abhalten, die Antilope zu reißen, und die Interessen der Maus nicht vor der Katze vertreten. Mit anderen Worten: Wir können für die Tierwelt selbst keine Verantwortung übernehmen, sondern lediglich für die Folgen unseres Tuns in und an ihr. Wir können sie nicht vor sich, aber vor uns schützen, wie wir uns selbstverständlich auch weiterhin vor ihr schützen müssen.

Besonders ansprechbar sind wir für den Schutz von Säugetieren, die uns entwicklungsgeschichtlich und durch den täglichen Umgang näherstehen – aber auch von Fischen und Vögeln. Doch wie steht es um Schädlinge, besonders jene, die in Massen auftreten? Es gibt Verordnungen, welche die Bekämpfung von Schädlingen verfügen. Aber auch ohne Gesetze bekämpft sie der Mensch, beispielsweise Mäuse, und er hat schon manche Art dezimiert oder fast ausgerottet, etwa den Maikäfer. Wie steht es um all jene Lebewesen, die den Klassen weit unterhalb der Säugetiere und Vögel angehören, zum Beispiel Insekten, Würmer und Mollusken? Uneingeschränkter Tierschutz müsste auch das Zerdrücken lästiger Fliegen verwerfen.

Dennoch kann und soll die Ausstellung zu größerer Achtung vor der Tierwelt führen, indem sie die äußere Verwandtschaft und großartige Komplexität aller Tierformen sichtbar macht. Tiere sind wie wir Menschen leidensfähig. Und Lebewesen, die Schmerzen empfinden können, sind in einem übertra-genen Sinne nicht daran interessiert zu leiden. Dieses Bedürfnis ist von höchster moralischer Bedeutung.

In der Kulturgeschichte wurden Tiere immer wieder als Sachen angesehen, die menschlicher Verfügung überlassen seien, so etwa im Römischen Recht und in der neuzeitlichen Philosophie etwa von René Descartes und Immanuel Kant. Descartes setzte Tiere sogar empfindungslosen Maschinen oder Automaten gleich, wogegen allerdings schon Leibniz und Voltaire protestierten. Sie betonten bereits die Empfindungsfähigkeit der Tiere. Aber nicht alle Philosophen leiteten daraus einen besonderen Anspruch auf schonenden Umgang ab. Der Kirchenvater Augustinus beispielsweise leugnete keineswegs die Empfindungsfähigkeit der Tiere, glaubte aber dennoch, dass die Menschen mit ihnen machen dürften, was sie wollten, weil sie keine Vernunft besäßen. Anders dagegen Voltaire und Arthur Schopenhauer. Sie vertraten eine ähnliche Position wie Jeremy Bentham, nach dem die entscheidende Frage nicht lautet: „Können Lebewesen denken?" Oder: „Können sie sprechen?", sondern „Können sie leiden?" Ganz in diesem Sinne notierte auch Rousseau: „Wenn ich verpflichtet bin, meinem Mitmenschen kein Leid zuzufügen, so scheint dies in der Tat weniger deshalb so zu sein, weil er ein vernünftiges als deshalb, weil er ein empfindendes Wesen ist: Eine Eigenschaft, die, da sie dem Tier und dem Menschen gemeinsam ist, dem einen zumindest das Recht verschaffen muss, vom anderen nicht unnütz misshandelt zu werden."

Nach Graden der Intensität abgestuft, besitzen alle Tiere mit zentral organisiertem Nervensystem ein dem menschlichen Schmerz ähnliches Empfinden – ob Fische, Lurche, Kriechtiere, Vögel oder die Säugetiere, zu denen wir selbst gehören. Schwieriger ist dagegen die Frage zu beantworten, wieweit Tiere mit Strickleiternervensystem – Insekten, Krebse, Würmer – oder gar einfache wirbellose Hohltiere mit Netznervensystem – Polypen, Quallen, Korallen – leidensfähig sind.

Schon Thomas Morus und Immanuel Kant vertraten die Auffassung, dass eine gewaltsame und grausame Behandlung von Tieren auch eine Abstumpfung des Mitgefühls am Leiden anderer Menschen hervorrufen könne. Der brutale Umgang mit Tieren könne eine allgemeine Verrohung zur Folge haben.

In diesem Zusammenhang drängt sich geradezu die Frage nach der artgerechten Haltung von Nutztieren auf. Jegliche Misshandlung von Tieren macht auf eine Verletzlichkeit aufmerksam, die bereits einen weltanschaulich neutralen Grund für achtungsvollen Umgang bietet. Tierquälerei, schmerz-volle Tötung und jede Form von Massentierhaltung – Hühner in der Batterie, Rinder in Boxen und Ketten – sind geradezu würdelos.

Darüber hinaus stellt sich die Frage, ob die schmerzlose Tötung von Hühnern, Schweinen, Lämmern und Kälbern moralisch vertretbar ist. Das Schlachten wird oft für ethisch unbedenklicher gehalten als das Quälen. Normalerweise wird es mit Hinweis darauf gerechtfertigt, dass erstens Hühner, Schweine, Lämmer und Kälber gar nicht existierten, wenn niemand Fleisch äße, da sie doch hauptsächlich diesem Umstand ihr befristetes Dasein verdankten, und dass sie zweitens kein echtes Interesse daran hätten, ihr Leben fortzusetzen, weil sie nicht über das nötige Zukunftsbewusstsein verfügten. Genau genommen empfänden sie nur gegenwartsbezogen Lust und Schmerz, weshalb sich lediglich Tierquälerei durch Tierversuche oder industrielle Massentierhaltung verbiete, nicht aber die schmerzfreie Tötung. Allerdings ist überaus umstritten, ob höhere Säugetiere wie Wale, Delphine, Hunde, Katzen, Schweine und Kälber tatsächlich kein Zukunftsbewusstsein besitzen.

Eingepferchte Tiere, leere Blicke – alles zum Wohle des Menschen? Versuchskaninchen im Käfig.

Die *KÖRPERWELTEN der Tiere* können diese schwierigen ethischen Fragen nicht abschließend beantworten. Die Ausstellung kann aber ein aufrüttelnder Anstoß zur intensiven Beschäftigung mit solchen Fragen sein.

Lebewesen wie wir

Verblüffenderweise berühren sich Human-Anatomie und Veterinär-Anatomie in der Wissenschaftspraxis kaum: Der Veterinärmediziner befasst sich fast ausschließlich mit Tieren, der Humanmediziner lediglich mit Menschen. Es gibt mehrere Gründe, weshalb veterinär-anatomische Lehrbücher nur am Rande auf den Menschen eingehen und human-anatomische Atlanten fast gänzlich die Tierwelt vernachlässigen. Zum einen hängt dies mit dem banalen Umstand zusammen, dass sich Tier- und Humanmedizin kaum berühren und schon in den Universitäten streng geschieden sind. Zum anderen spiegelt diese starke Trennung die traditionelle Absonderung des Menschen von der Tierwelt wider.

Obgleich mittlerweile längst feststeht, dass der Mensch mit den anderen Lebewesen in einem Entwicklungszusammenhang steht und zwischen ihm und allen übrigen Wirbel-tieren, insbesondere den Säugetieren, große Ähnlichkeiten bestehen, halten viele Zeitgenossen an der alten Grenzziehung zwischen Mensch und Tier fest. Besonders deutlich zeigt sich die Ausgrenzung der nicht-menschlichen Geschöpfe in die Kategorie „Tier" an der Errichtung sprachlicher Barrieren, die mit unterschiedlichen Worten gleiche Tätigkeiten bezeichnen: Tiere fressen, saufen und säugen; Menschen hingegen essen, trinken und stillen. Aufgrund ihres selbstbewussten Geistes, ihrer Sprach- und Abstraktionsfähigkeit auf hohem Niveau glauben viele von uns, mehr wert zu sein als die übrigen Kreaturen – sogar beim Verscheiden, ja noch als Tote. Denn selbst hier bestehen strenge Sprachgrenzen: Ein Tier verendet, der Mensch hingegen stirbt; das tote Tier gilt als faulender Kadaver oder Aas, der tote Menschenkörper dagegen als verwesender Leichnam. Wie sehr dabei Tiere uns Menschen rangmäßig untergeordnet werden, wird bereits daran deutlich, dass solche Begriffe wie Fressen und Saufen auch zur Bezeichnung negativer menschlicher Handlungsweisen herangezogen werden. Animalisch oder tierisch sein heißt, sich unanständig, grob und roh zu verhalten.

Allerdings besteht zu einer solchen sprachlichen Überheblichkeit den Tieren gegenüber keinerlei Anlass. Tiere sind nicht nur fähiger, weit mehr zu ertragen als wir Menschen, sei es Kälte, Hitze oder Regen, viele von ihnen sind auch schneller und stärker als wir. Im Grunde genommen wird fast jedes Organ des Menschen in seiner Leistungsfähigkeit von tierischen Organen übertroffen: Die Niere der Wüstenmaus arbeitet effektiver als unsere; sie kann besser in trockener Umgebung überleben, weil sie weniger Wasser mit ihren Stickstoffverbindungen oder Harnstoffen ausscheidet. Der Hörbereich von Nachtmotten liegt zwischen 40.000 und 80.000 Hertz, die menschliche Hörfähigkeit beginnt bei 16 Hertz und endet bei 16.000 Hertz. Als Fluchttiere haben Pferde ein ausgesprochen gutes Gehör, und der Geruchssinn von Hunden ist ausgeprägter als der menschliche. Das Kleinhirn der Vögel, die sich in der Luft bewegen, ist, relativ gesehen, besser ausgebildet als bei uns Menschen. Allein das menschliche Großhirn wird von den Tieren nicht übertroffen.

Die traditionelle Vorstellung über die Einzigartigkeit des Menschen ist überzogen, die strikte Trennung zwischen Mensch und Tier übertrieben. Der Mensch, Homo sapiens sapiens, ist als Teil der Ordnung der Primaten eine natürliche Art der Gattung Hominiden. Diese Art unterscheidet sich von anderen nur graduell, aber nicht prinzipiell. Die biochemische Entdeckung, dass die menschliche DNS nur um 1,6 % von derjenigen der Schimpansen abweicht, unsere Gene also zu fast 99 % mit denen der sogenannten Großen Menschenaffen (Schimpansen, Gorillas, Orang-Utans) übereinstimmen, ist das beste Beispiel dafür. Hierzu passt auch, dass unser Gehirn weder anatomisch noch physiologisch sich von dem anderer Wirbeltiere grundsätzlich unterscheidet.

Um es mit Michel de Montaigne zu sagen: „Wir sind weder höher noch niedriger als der übrige Teil. Alles, was unter dem Himmel ist, sagt der Weise, ist einerlei Gesetz. [...] Zwar gibt es einen gewissen Unterschied; es gibt Gattungen, es gibt Stufen. Allein, alles steht unter der Aufsicht der einzigen Natur ohne alle Vorrechte. Die vermeinten und eingebildeten Vorzüge, die der Mensch sich selbst beilegt, sind erdichtet und abgeschmackt."

Jedoch muss die Einbindung des Menschen ins Tierreich nicht notwendigerweise als eine Herabsetzung des Menschen auf die Stufe des Tieres angesehen werden. Genauso gut kann sie als Heraufhebung oder Aufwertung des Tieres bewertet werden. Denn ist der Mensch mit den Tieren verwandt, so sind auch die Tiere mit dem Menschen verwandt.

In diesem Sinne möchte die Ausstellung den Tieren wieder etwas von jener Wertschätzung und Achtung zurückgeben, die der Mensch ihnen Jahrhunderte lang entzog, um sie ausschließlich für sich zu beanspruchen.

Der Mensch im Laufe der Evolution: Vor ca. 160.000 Jahren bis heute. Er gehört zur Familie der Menschenaffen.

Gunther von Hagens begann sein Medizinstudium 1965 an der Universität Jena. Nach misslungener Republikflucht geriet er 1969 in politische Gefangenschaft der DDR, wurde 1970 von der Bundesrepublik freigekauft und setzte danach sein Studium in Lübeck fort, wo er 1973 seine Approbation erhielt. Anschließend promovierte er in der Abteilung für Anästhesie und Notfallmedizin der Universität Heidelberg. 1975 wechselte er an das Anatomische Institut, wo er viele Jahre als Dozent und wissenschaftlicher Assistent tätig war. Im Rahmen seiner dortigen Forschungstätigkeit erfand er 1977 die Plastination, eine Vakuumtechnik zur dauerhaften Konservierung anatomischer Präparate mit eigens dafür entwickelten Reaktionskunststoffen. Um die Technik auch anderen Lehreinrichtungen zu ermöglichen, gründete er wenig später die Firma BIODUR® Products für den Vertrieb der entwickelten Spezialkunststoffe und Geräte zur Plastination. 1993 etablierte er das privatwirtschaftlich geführte Institut für Plastination, das der Weiterentwicklung seiner Erfindung neue Dimensionen eröffnete. 1995 schuf er zusammen mit Kuratorin und Ehefrau Dr. Angelina Whalley die erste KÖRPERWELTEN Ausstellung, in der erstmals Plastinate der Öffentlichkeit präsentiert wurden. 2010 folgten die KÖRPERWELTEN der Tiere (international bekannt unter ANIMAL INSIDE OUT). Bis heute haben seine anatomischen Ausstellungen über 50 Millionen Menschen begeistert.

Die Erfindung und Weiterentwicklung der Plastinationstechnik brachten ihm viele akademische Ehrungen. 1996 wurde er zudem Gastprofessor an der Medizinischen Universität Dalian, VR China, im gleichen Jahr Direktor des Plastinationszentrums der Staatlichen Medizinischen Akademie in Bischkek, Kirgistan, wo er auch den Titel eines Ehrenprofessors erhielt. Seit 2004 ist er Gastprofessor an der zahnmedizinischen Fakultät der New York University (New York University, College of Dentistry). 2006 gründete Gunther von Hagens die Gubener Plastinate GmbH und errichtete mit dem angeschlossenen PLASTINARIUM das weltweit größte Kompetenzzentrum für Plastination von Mensch und Tier im brandenburgischen Guben. 2013 ehrte ihn die Association of Science-Technology Centers (ASTC) für sein Lebenswerk und seinen herausragenden Beitrag zur Vermittlung von Wissenschaft an ein Laienpublikum.

Angelina Whalley

TIER Anatomie

Die wesentlichen Erfordernisse im Leben eines Tieres sind recht einfach. Es muss Nahrung finden und in Energie umwandeln, sich schützen oder verteidigen, sich fortpflanzen und neue Gebiete besiedeln können.

Die Methoden, mit denen die unterschiedlichen Tiere diesen Anforderungen innerhalb ihrer speziellen Lebensräume gerecht werden, sind jedoch außerordentlich vielfältig und komplex und werden durch die Anatomie der Tiere bestimmt.

In den folgenden Kapiteln werden die wesentlichen Körpersysteme und deren Funktionsweisen beschrieben.

Seit den Anfängen im Jahre 1995 prägt die Ärztin und Kuratorin Dr. Angelina Whalley das Gesicht der KÖRPERWELTEN. Sie hat alle bisherigen Ausstellungen über Mensch und Tier inhaltlich konzipiert und gestaltet. Durch ihre populärwissenschaftliche Herangehensweise hat sie komplexe medizinische Sachverhalte einem breiten Laienpublikum zugänglich gemacht und weltweit mehr als 50 Millionen Menschen inspiriert, ein gesünderes Leben zu führen und achtsamer mit dem eigenen Körper umzugehen. Mit der ersten Ausstellung plastinierter Tiere, KÖRPERWELTEN der Tiere (international bekannt als ANIMAL INSIDE OUT), gelang ihr eine beeindruckende Symbiose aus Anatomie, Didaktik und szenischer Darstellung, mit der sie beim Betrachter den Sinn für das Leben und das Wunder der Natur schärft.

Angelina Whalley studierte zunächst an der Freien Universität in Berlin und später an der Universität Heidelberg Medizin, wo sie 1986 auch mit einer experimentellen Arbeit zur Nierenphysiologie promovierte. Anschließend war sie mehrere Jahre am Institut für Anatomie sowie am Pathologischen Institut der Universität Heidelberg wissenschaftlich tätig, bis sie 1997 das Institut für Plastination in Heidelberg sowie die Firma BIODUR® Products übernahm, ein Unternehmen, das spezielle Kunststoffe und Geräte für die Plastination an über 400 medizinische Fakultäten und Universitäten in aller Welt vertreibt. Im Jahre 2003 gründete sie außerdem das Unternehmen Arts & Sciences Exhibitions and Publishing GmbH, das sowohl wissenschaftliche Wanderausstellungen weltweit organisiert als auch Herausgeber ausstellungsrelevanter Publikationen ist. Dr. Whalley ist Autorin mehrerer erfolgreicher Bücher und Ausstellungskataloge sowie Produzentin ausstellungsbezogener Dokumentarfilme.

Starke Sache
Das Skelettsystem 24

Mäuse unter der Haut
Die Muskulatur 32

Unter Strom
Das Nervensystem 36

Zug um Zug
Die Atmungsorgane 42

Vernetzt fürs Leben
Das Herz-Kreislauf-System 48

Gut gekaut, halb verdaut
Der Verdauungstrakt 58

Kraftvolles Klärwerk
Die Ausscheidungsorgane 66

Triebfeder des Lebens
Die Fortpflanzungsorgane und vorgeburtliche Entwicklung 70

Ganzkörper-Plastinate 76

Die über 200 Knochen des Löwenskeletts bilden ein geschmeidiges inneres Gerüst, an dem mehr als 600 Muskeln ansetzen. Es ähnelt dem aller Katzen.
In der Tat können auch Experten am Skelett (Kopf ausgenommen) meist nicht erkennen, um welche Großkatze es sich handelt.

Starke Sache

Das Skelett – das innere Gerüst

Die Körper der meisten Tiere besitzen ein stabiles Grundgerüst, ein Skelett, das ihnen Statur und Halt verleiht. Daran setzen die Muskeln an. Zusammen bilden sie ein Hebelsystem, das die Muskeltätigkeit in Bewegung umwandelt.

Wie kaum ein anderes Organsystem weisen Skelette ein großes Spektrum an Bauweisen unter den einzelnen Tiergruppen auf. Die Tiere sind damit auf perfekte Weise an ihren jeweiligen Lebensraum angepasst.

Die größten und bekanntesten Tiere der Erde sind Wirbeltiere, also Tiere mit einer Wirbelsäule. Sie haben ein inneres, ein sogenanntes Endoskelett, das hauptsächlich aus hartem Knochen und Knorpeln besteht.

Das Skelett der Wirbeltiere besteht aus vielen Einzelknochen, die über Gelenke miteinander verbunden sind. Die Knochenenden werden jeweils durch starke Bänder zusammengehalten.

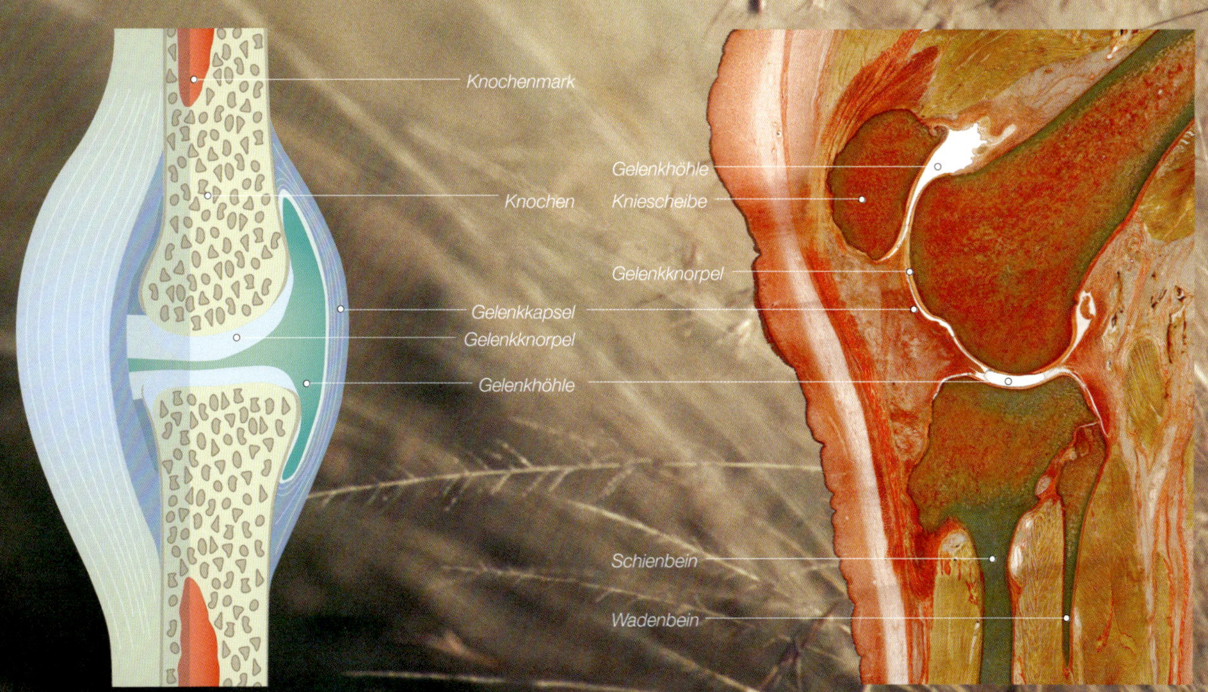

Typischer Aufbau eines Wirbeltiergelenks

Längsschnitt durch das Kniegelenk eines asiatischen Elefanten
(Elephas maximus indicus)

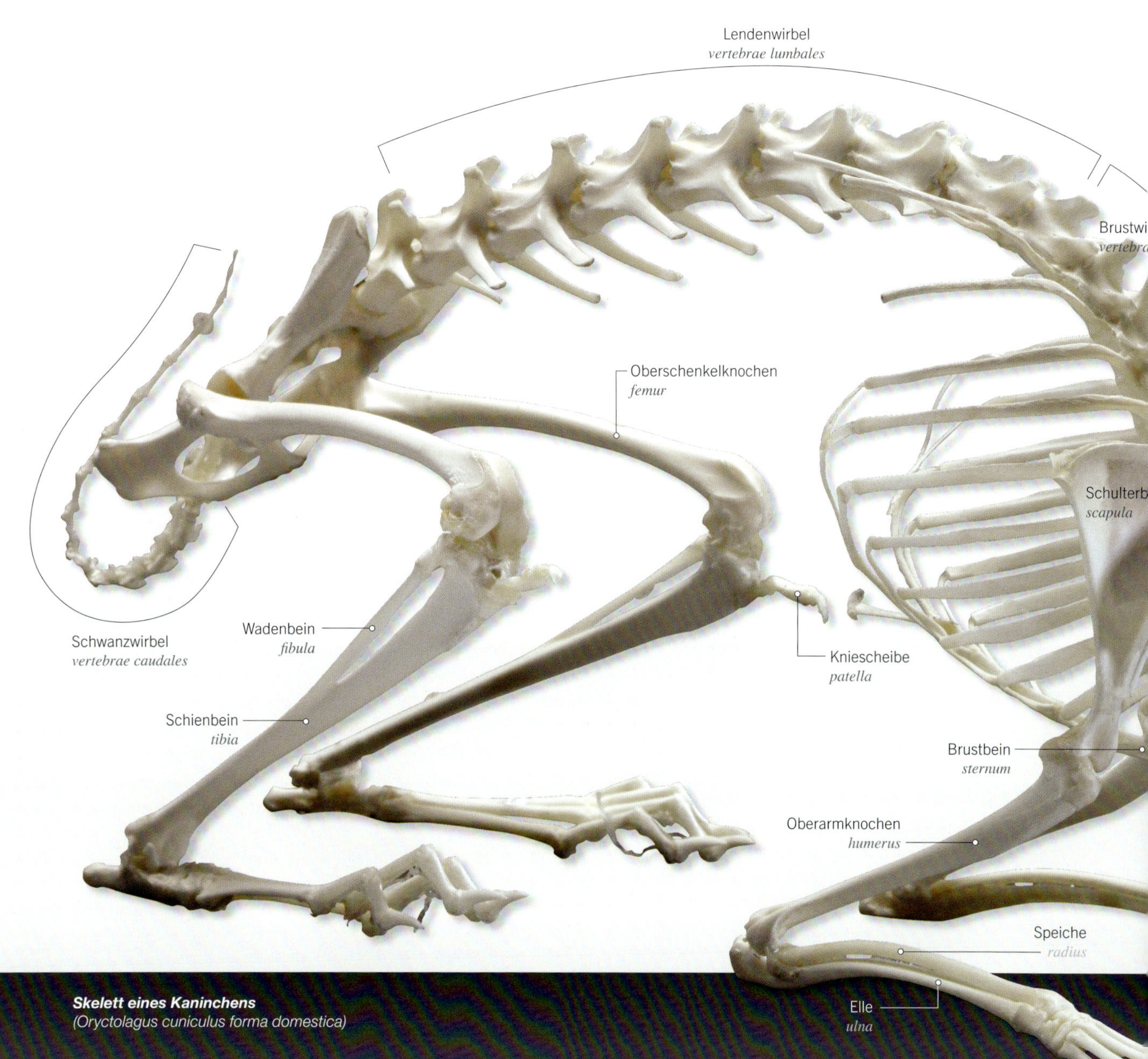

Skelett eines Kaninchens
(Oryctolagus cuniculus forma domestica)

Das Skelett des **Kaninchens** ist sehr zierlich;
sein Gewicht beträgt nur 8 % der Körpermasse.
Die Wirbelsäule ist sehr biegsam.
Die Hinterbeine sind als Sprungbeine ausgebildet,
wobei die Oberschenkel kurz sind
und die Unterschenkelknochen (Wadenbein und Schienbein)
miteinander zu einem kräftigen Knochen verwachsen sind.

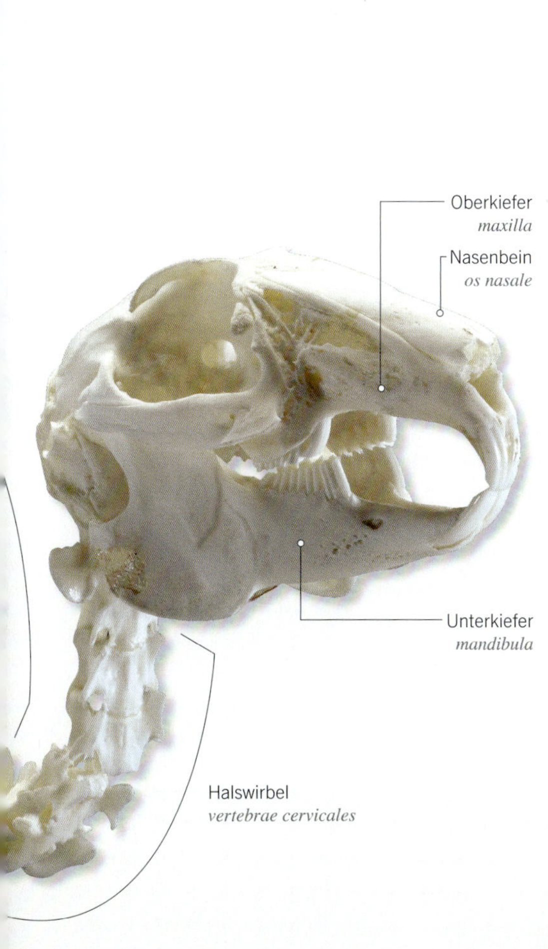

Skelett eines Huhns
(Gallus gallus domesticus)

Bei **Hühnern** dient das Skelett vor allem als Stützgewebe für die Fortbewegung auf zwei Beinen sowie als Kalziumspeicher für die Eiproduktion. Wie bei allen Vögeln sind einige Knochen durch Ausstülpungen der Luftsäcke luftgefüllt (pneumatisiert), die Bestandteil des Atmungssystems sind. Daher ist das Gewicht ihres Skeletts vergleichsweise gering. Am Brustbein befindet sich ein knöcherner Vorsprung, der Kiel, an dem die Flugmuskeln ansetzen.

Knochenstruktur

Auch wenn die Knochenanzahl bei Säugetieren leicht variiert, folgt ihre Struktur und Anordnung einem bestimmten Bauplan. Die meisten Knochen haben eine harte kompakte Außenzone und ein schwammartig aussehendes Gewebe aus Knochenbälkchen im Knocheninneren, die sich den statischen Anforderungen anpassen. Dieser Aufbau verleiht dem Knochen große Stabilität und gleichzeitig ein geringes Eigengewicht.

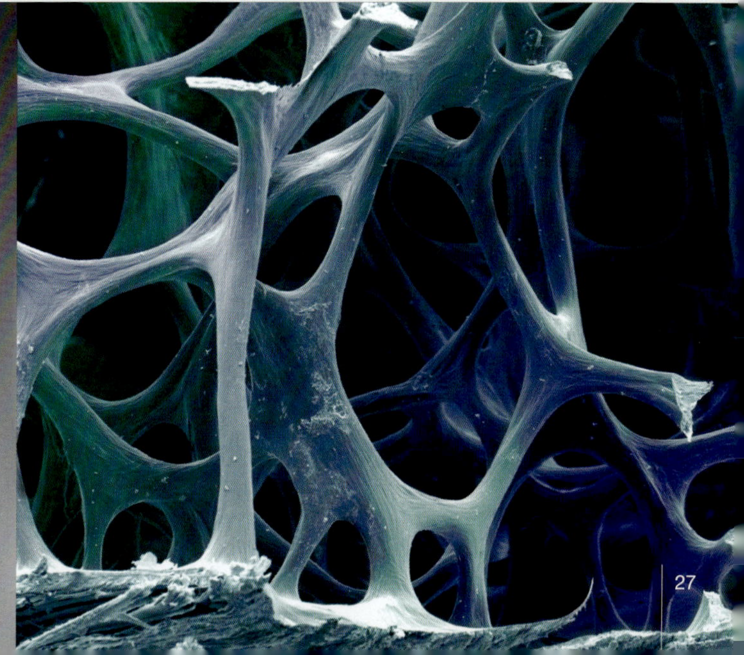

Knochenbälkchen in 15-facher Vergrößerung. Die Knochenbälkchen passen sich den statischen Anforderungen an und formen je nach Druck- und Zugbelastung Spannungslinien. Dieser Aufbau verleiht dem Knochen große Stabilität trotz seines geringen Eigengewichts.

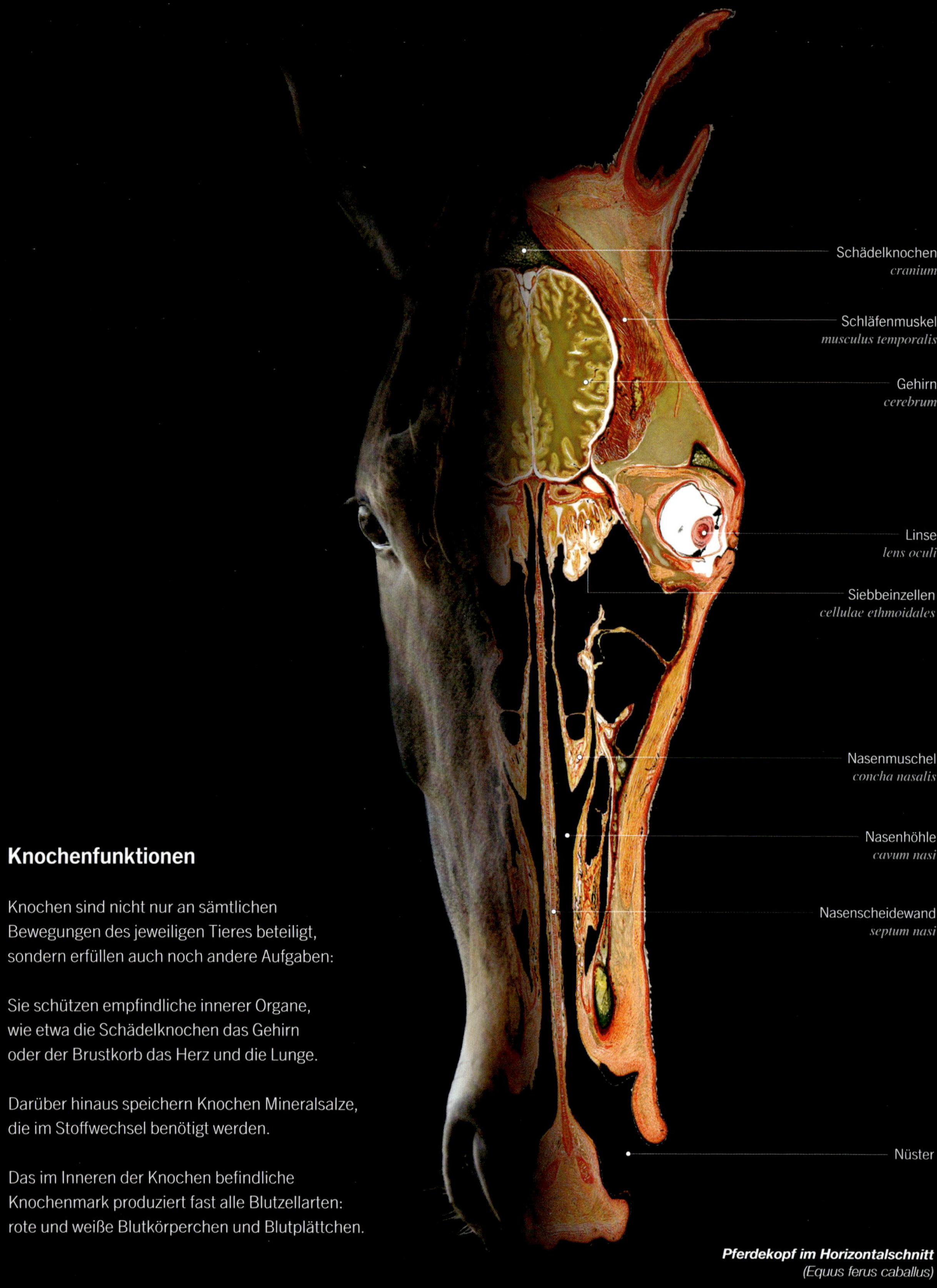

Knochenfunktionen

Knochen sind nicht nur an sämtlichen Bewegungen des jeweiligen Tieres beteiligt, sondern erfüllen auch noch andere Aufgaben:

Sie schützen empfindliche innerer Organe, wie etwa die Schädelknochen das Gehirn oder der Brustkorb das Herz und die Lunge.

Darüber hinaus speichern Knochen Mineralsalze, die im Stoffwechsel benötigt werden.

Das im Inneren der Knochen befindliche Knochenmark produziert fast alle Blutzellarten: rote und weiße Blutkörperchen und Blutplättchen.

Pferdekopf im Horizontalschnitt
(Equus ferus caballus)

Der Schädel eines Wirbeltieres beinhaltet und schützt die wichtigsten Sinnesorgane: Augen, Nase, Zunge und, an der Schädelbasis, die Innenohren sowie die Gleichgewichtsorgane. Zudem formt er maßgeblich den Kopf und beherbergt in der Schädelhöhle das Gehirn.

Ein Schädel besteht meist aus vielen Einzelknochen, die miteinander verbunden sind. Beim Pferd sind es 37 Knochen.

Bei Jungtieren sind diese Knochen noch durch Bindegewebe miteinander verbunden. Dadurch können der Schädel und das Gehirn mitwachsen. Erst wenn das Körperwachstum abgeschlossen ist, verbinden sich die Knochen fest miteinander. Die Verbindungsstellen bleiben als Knochennähte sichtbar.

Schädel eines Pferdes
(Equus ferus caballus)

Knochenwachstum

Der Längsschnitt des Lamms zeigt die Knochen des Vorder- und Hinterbeines in ganzer Länge. Die Röhrenknochen weisen an ihren Enden sogenannte Epiphysenfugen auf, von denen das Knochenwachstum ausgeht. Bei einem ausgewachsenen Tier sind die Epiphysenfugen verschlossen.

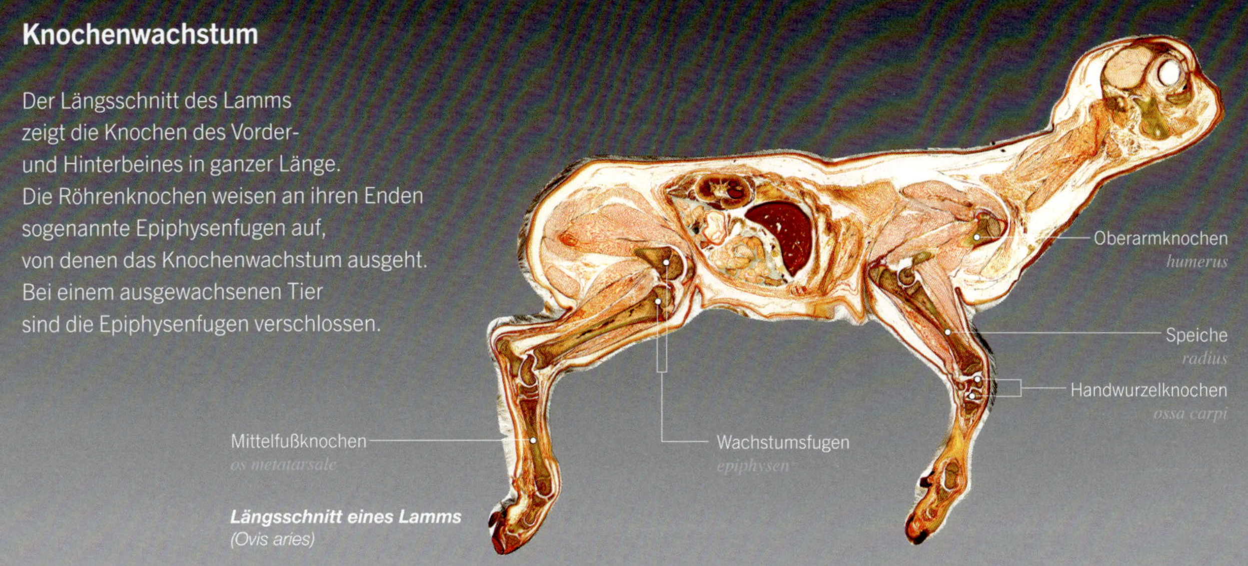

Längsschnitt eines Lamms
(Ovis aries)

Fischskelett
(Scomber scombrus)

Das Skelett der **Fische**
besteht entweder aus Knorpel (Knorpelfische)
oder aus Knochen (Knochenfische).
Die Rippen setzen an der Wirbelsäule an
und umspannen den gesamten Rumpf.
Ein Brustbein fehlt.

Knochenfische haben in ihren Muskelscheiden
zusätzlich verknöchertes Bindegewebe – sogenannte Gräten.
Gräten haben keinen Kontakt zur Wirbelsäule.
Sie stützen die Rumpfmuskulatur,
ohne ihre Beweglichkeit zu hemmen.

Außenskelette

Ein Skelett kann aber auch aus einer äußeren
stabilen Hülle bestehen,
wie etwa bei Insekten oder Krebstieren.
In diesen Fällen spricht man von einem Exoskelett.

*Die Seespinne
hat einen stark mineralisierten Panzer
als äußeres Skelett (Exoskelett).*

Sie bewegen sich mit vielen Muskelkontraktionen gleichmäßig und kontinuierlich über eine Oberfläche. Würde sich eine Schnecke ununterbrochen bewegen, bräuchte sie für einen Kilometer über eine Woche. Der durch den klebrigen Schleim hervorgerufene Saugnapfeffekt ermöglicht den Tieren das Haften an verschiedenen Oberflächen oder gar kopfüber zu kriechen.

Weinbergschnecke
(Helix pomatia)

Jakobsmuschel
(Pectinidae)

Jakobsmuscheln gehören zu der Gattung der Kammmuscheln. Ihr äußeres Gerüst besteht aus zwei kalkhaltigen Schalen, die von kräftigen Schließmuskeln zusammengehalten werden.

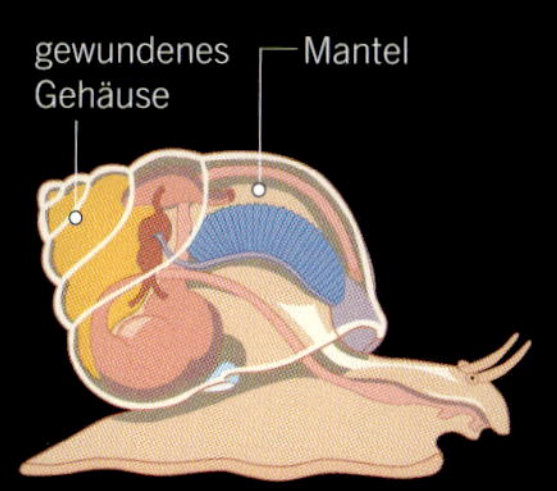

SCHNECKE

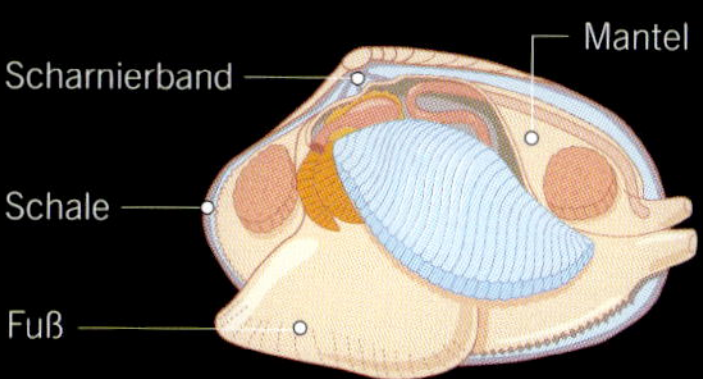

MUSCHEL

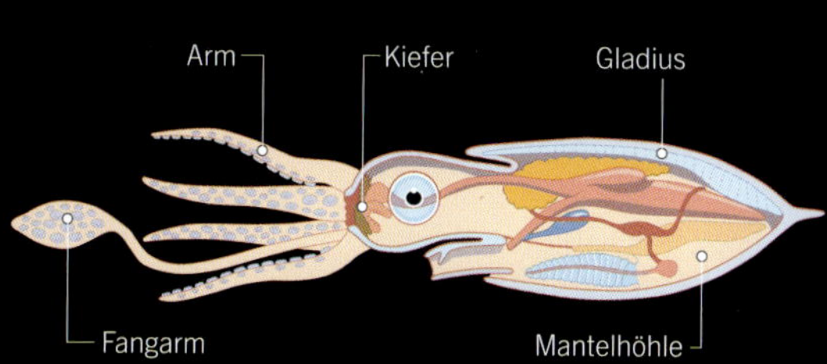

KALMAR

Der Körper eines Kalmaren wird durch ein flaches Endoskelett aus Horn, dem sogenannten Gladius, in Form gehalten.

Mäuse unter der Haut

Mit seinen kräftigen Muskeln erreicht der Gepard Geschwindigkeiten von 100–120 Stundenkilometern. Er ist das schnellste an Land lebende Säugetier überhaupt.

Muskeln und Bewegung

Die alten Römer sahen kleine Mäuschen, musculi, die unter der Haut hin und her huschten, wenn man sich bewegte.
Davon leitet sich das deutsche Wort „Muskel" ab.

Fast alle Tiere besitzen Muskeln.
Sie sind der Hauptantrieb der Bewegung und erlauben es dem Tier, auf seine Umwelt zu reagieren.

Muskeln üben ihre Funktion aus, indem sie sich zusammenziehen.
Dabei bewegen sie Skelettteile oder andere Körperstrukturen.

Säugetiere besitzen im Durchschnitt über 600 Skelettmuskeln, manche Insekten sogar die dreifache Zahl.

Wie ein dickes Kabel werden im Muskel
verschiedene Strukturen gebündelt und in feste Hüllen verpackt.
Grundlegender Baustein jedes Skelettmuskels ist die Skelettmuskelfaser.
Sie besteht aus einer Zelle,
die bis zu 15 cm lang und ungefähr 0,1 mm dick sein kann.
In ihrem Inneren befinden sich sogenannte Myofibrillen,
die der Zelle eine aktive Verkürzung (Kontraktion) ermöglicht.
Mehrere Muskelfasern werden zu Muskelfaserbündeln,
und die Muskelbündel wiederum zum ganzen Muskel zusammengefasst.
Außen ist der Muskel
von einer dünnen Bindegewebshülle umgeben, dem Epimysium.
Daran schließt sich die Muskelfaszie, eine sehr feste Muskelhülle,
die den Muskel in seiner äußeren Form hält.
Sie setzt sich am Ende des Muskelbauches als Sehne fort.

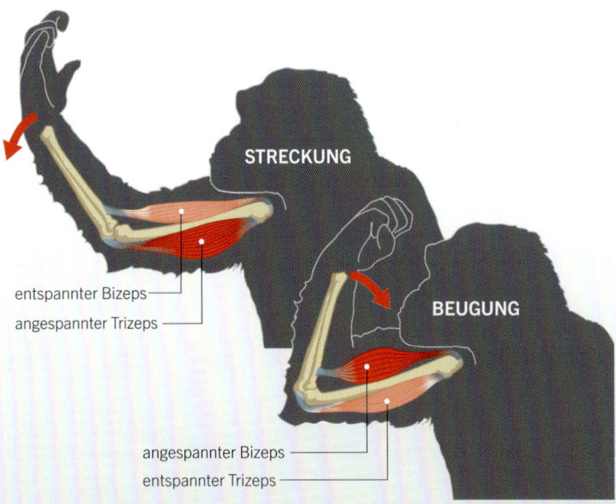

Bizeps und Trizeps, zwei Muskeln in den Vordergliedmaßen der Wirbeltiere, zeigen ein einfaches antagonistisches System, bei dem jeder dem Zug des anderen entgegenwirkt. Wenn beide Muskeln ziehen, kann das Gelenk in jeder Position verharren.

Ein Muskel kann immer nur in eine Richtung ziehen.
Daher werden Körperbewegungen in aller Regel nicht durch einen Muskel allein bewerkstelligt, sondern durch Muskelgruppen.
Dabei ist die Zugrichtung der beteiligten Muskeln oftmals gegensinnig:

Der Bizeps der vorderen Gliedmaße zum Beispiel beugt das Ellbogengelenk,
während der Trizeps als Antagonist es streckt.
Beide arbeiten in perfekter Abstimmung:
Verkürzt sich der eine, bremst der andere überschüssige Ausschläge ab.
So kommen fließende, abgestufte Bewegungen zustande.

Spezialisierte Muskeln

Spezielle Muskeln ermöglichen auch Bewegungen innerhalb des Körpers, wie etwa den Herzschlag oder den Transport der Speise durch den Magen-Darmtrakt.
Ihre Fasern verlaufen in den Wänden der Hohlorgane und werden unwillkürlich gesteuert.
Sie unterliegen also nicht der Kontrolle des Bewusstseins.

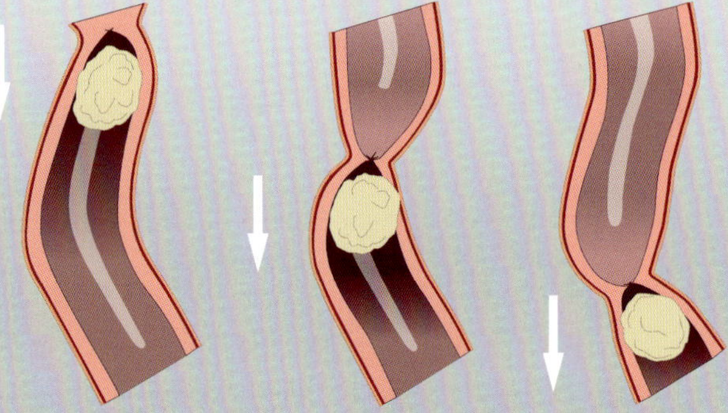

Die Nahrung wird im Magen-Darmtrakt durch rhythmische, wellenförmige Muskelkontraktionen vorwärts bewegt. Diesen Vorgang nennt man Peristaltik.

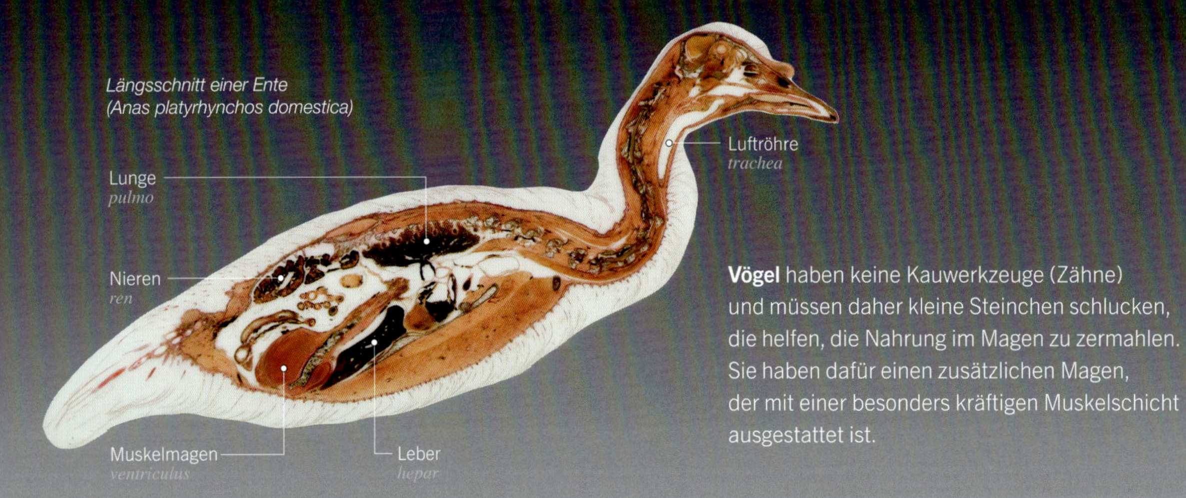

Längsschnitt einer Ente (Anas platyrhynchos domestica)

Vögel haben keine Kauwerkzeuge (Zähne) und müssen daher kleine Steinchen schlucken, die helfen, die Nahrung im Magen zu zermahlen.
Sie haben dafür einen zusätzlichen Magen, der mit einer besonders kräftigen Muskelschicht ausgestattet ist.

Der **Strauß** ist ein schneller Läufer.
Er erreicht Geschwindigkeiten von bis zu 80 km/h
und kann diese etwa eine halbe Stunde lang halten.
Dafür ist er mit sehr kräftigen
Rücken- und Beinmuskeln ausgestattet.
Seine langen elastischen Sehnen wirken wie Federn.
Dadurch kann der Strauß bei jedem Schritt
Energie zurückgewinnen,
sobald sich sein Fuß wieder vom Boden abstößt.
Anders als alle anderen Vögel hat der Strauß nur zwei Zehen –
eine Anpassung an die hohe Laufgeschwindigkeit.

Strauß
(Struthio camelus)

Unter Strom

Das Nervensystem

Die meisten Tiere besitzen ein feines Netzwerk von Nervenfasern, die in alle Körperregionen reichen und die Körperfunktionen überwachen und regulieren.

Das Nervensystem beeinflusst das gesamte Tier: Es steuert z.B. lebenswichtige Körperfunktionen wie die Atmung oder die Verdauung, koordiniert die Bewegungen, verarbeitet alle Sinneswahrnehmungen wie Sehen, Riechen, Schmecken und Hören und bestimmt, wie sich das Tier in Abhängigkeit von Außenbedingungen verhält.

Dabei steuert das Nervensystem Hunderte von Aktivitäten gleichzeitig.

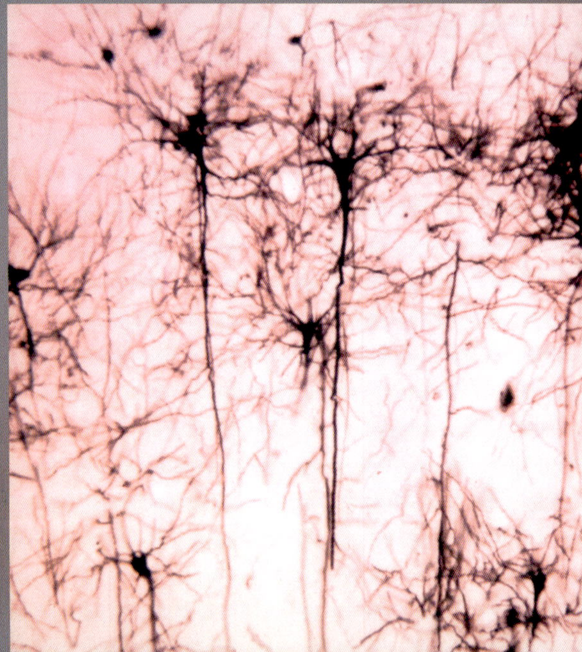

Bei höherentwickelten Tieren verrichten mehrere Milliarden Nervenzellen im Verbund spezielle Aufgaben.

Sinneswahrnehmungen wie Riechen, Schmecken oder die Berührung der Tasthaare werden in speziellen Arealen des Gehirns verarbeitet. Tasthaare ermöglichen Tieren wie dem Seehund, seinen Weg zu ertasten und bei schlechter Sicht zu jagen.

Bei Wirbeltieren besteht das Nervensystem
aus dem Gehirn, dem Rückenmark
und den peripheren Nerven,
die aus dem Gehirn oder dem Rückenmark austreten.
Diese Nerven verzweigen sich im gesamten Körper
in immer feinere Nervenleitungen,
bis sie mit bloßem Auge nicht mehr sichtbar sind.

Das Gehirn ist das übergeordnete Kontrollzentrum.
Es verarbeitet Sinnesinformationen,
koordiniert die meisten Bewegungen
und erlaubt dem Lebewesen zu fühlen,
sich zu erinnern und zu kommunizieren.

Die Gehirnoberfläche weist bei vielen höheren Tieren
Windungen und Furchen auf,
die im Laufe der Evolution durch die Ausdehnung
des Großhirns entstanden sind.

Unterhalb des Großhirns liegen das Kleinhirn
und der Hirnstamm.
Das Kleinhirn ist für die Bewegungskoordination zuständig,
während der Hirnstamm viele Basisfunktionen steuert
wie die Atmung und den Kreislauf.
An der Basis des Hirnstamms entspringt das Rückenmark.

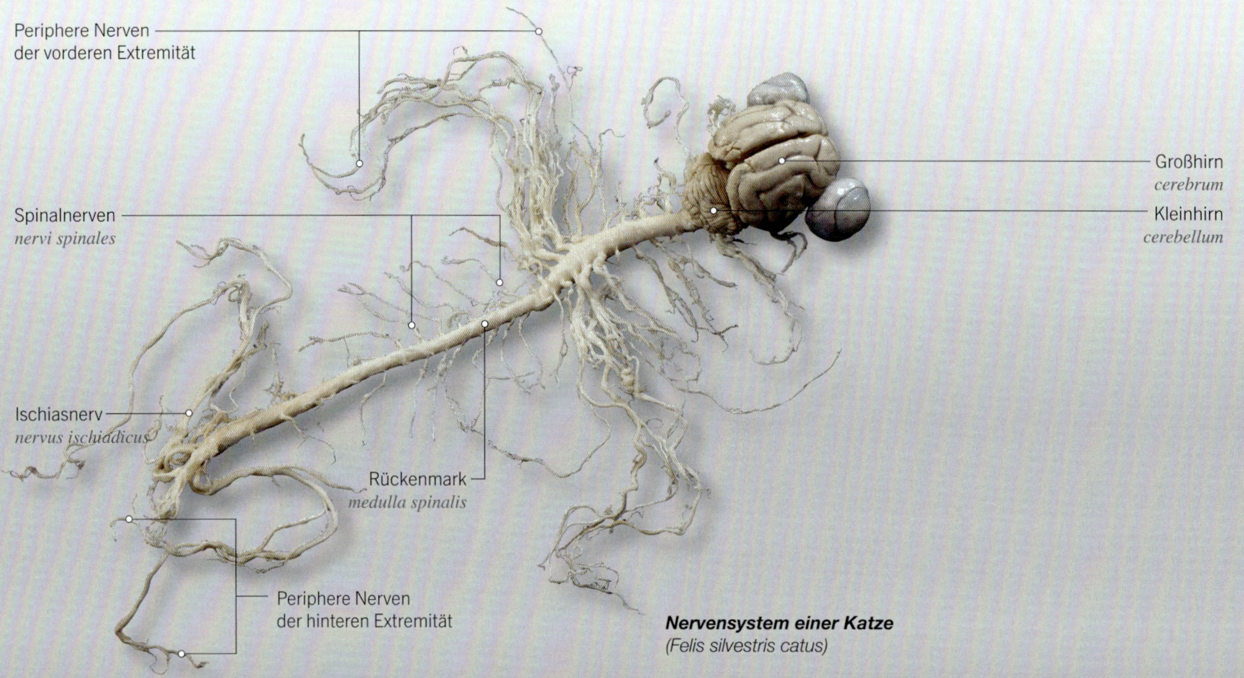

Nervensystem einer Katze
(Felis silvestris catus)

Affen zeigen die größten Verstandesleistungen
im sozialen Verhalten.
Der Grund liegt wahrscheinlich
in ihrem komplizierten Sozialleben.
Affen müssen in der Lage sein,
das sich ständig ändernde soziale Gefüge
in ihrer Gruppe zu durchschauen,
um es notfalls manipulieren zu können.

Kopfhälfte eines Pavians
(Papio)

Die Grundeinheit des Systems sind die Nervenzellen,
auch Neuronen genannt.
Die verschiedenen Körperregionen
verständigen sich miteinander
mittels schwacher elektrischer Signale,
die von den Neuronen ausgesendet werden.
Diese Signale erreichen Leitungsgeschwindigkeiten
von bis zu 400 km/h.

Ein typisches Neuron hat einen rundlichen Zellkörper
mit kurzen Fortsätzen, den sogenannten Dendriten.
Die Dendriten nehmen elektrische Signale
von anderen Neuronen auf
und leiten sie über einen längeren Fortsatz weiter.
Diesen Fortsatz nennt man Axon;
er kann bis zu einen Meter lang sein.
Dadurch können elektrische Signale
über weite Strecken fortgeleitet werden.
Das elektrische Signal wird erzeugt,
indem bestimmte Ionen
gezielt durch die Zellmembran durchgeschleust werden.
Viele Axone besitzen eine fetthaltige Isolation (Myelinscheide)
aus sogenannten Schwannzellen.

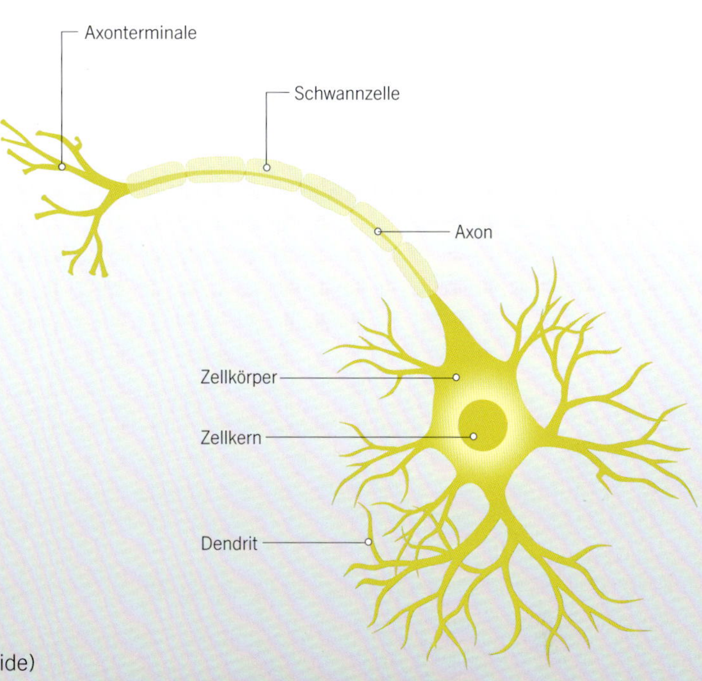

Schematische Darstellung einer Nervenzelle

Nervensysteme bei Wirbellosen

Bei den Wirbellosen haben sich sehr unterschiedliche
Bauweisen des Nervensystems herausgebildet.
Nesseltiere wie die Hydra zum Beispiel
besitzen nur ein Netz aus angeordneten Nervenfasern.
Gliederfüßer wie Fliegen und andere Insekten
haben ein Gehirn sowie teils verschmolzene Ganglien
und ein zentrales Bauchmark.

Und bei Mollusken wie der Schnecke
besteht das Nervensystem aus verschiedenen Ganglien,
die durch dicke Nervenfaserbündel verbunden sind.

Ihre Neuronen-Zellkörper sind durch
viele kurze Dendriten und Axone miteinander verknüpft.
Das macht den Austausch
und die Verarbeitung von Informationen effizient.

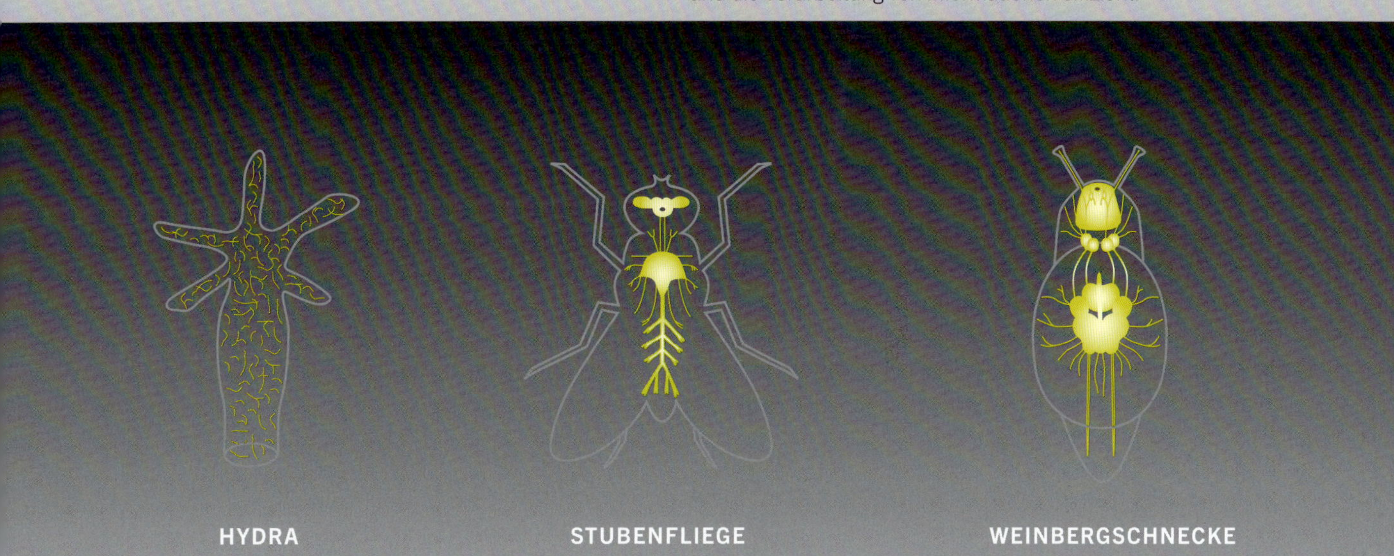

Das Gehirn – das übergeordnete Kontrollzentrum

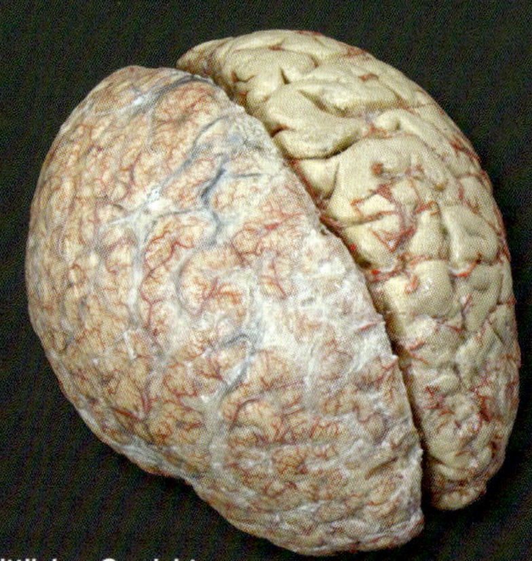

Durchschnittliches Gewicht eines Menschen-Gehirns: 1.300 Gramm
(Homo sapiens)

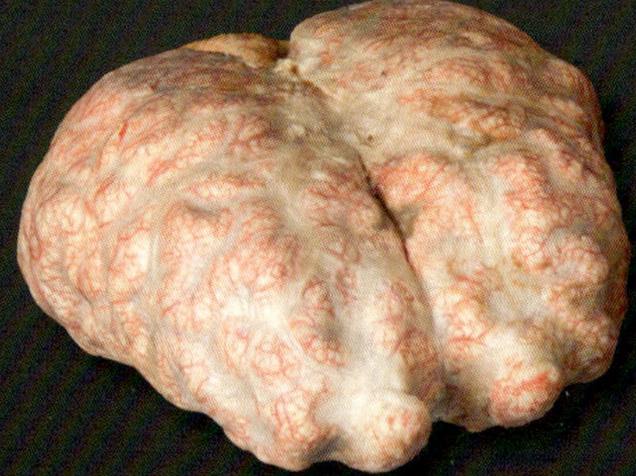

Durchschnittliches Gewicht eines Giraffen-Gehirns: 680 Gramm
(Giraffa camelopardalis)

Durchschnittliches Gewicht eines Elefanten-Gehirns: 6.000 Gramm
(Elephas maximus indicus)

Je größer ein Tier ist,
desto größer ist normalerweise auch sein Gehirn.
Das liegt teilweise daran,
dass die Gehirne größerer Tiere
schlicht einen größeren Körper steuern
und mehr sensorische Informationen verarbeiten müssen.
Aber das macht sie nicht notwendigerweise schlauer
oder komplexer.
Aus der Größe des Gehirns allein
lässt sich daher nicht ableiten,
wie intelligent ein Tier ist.

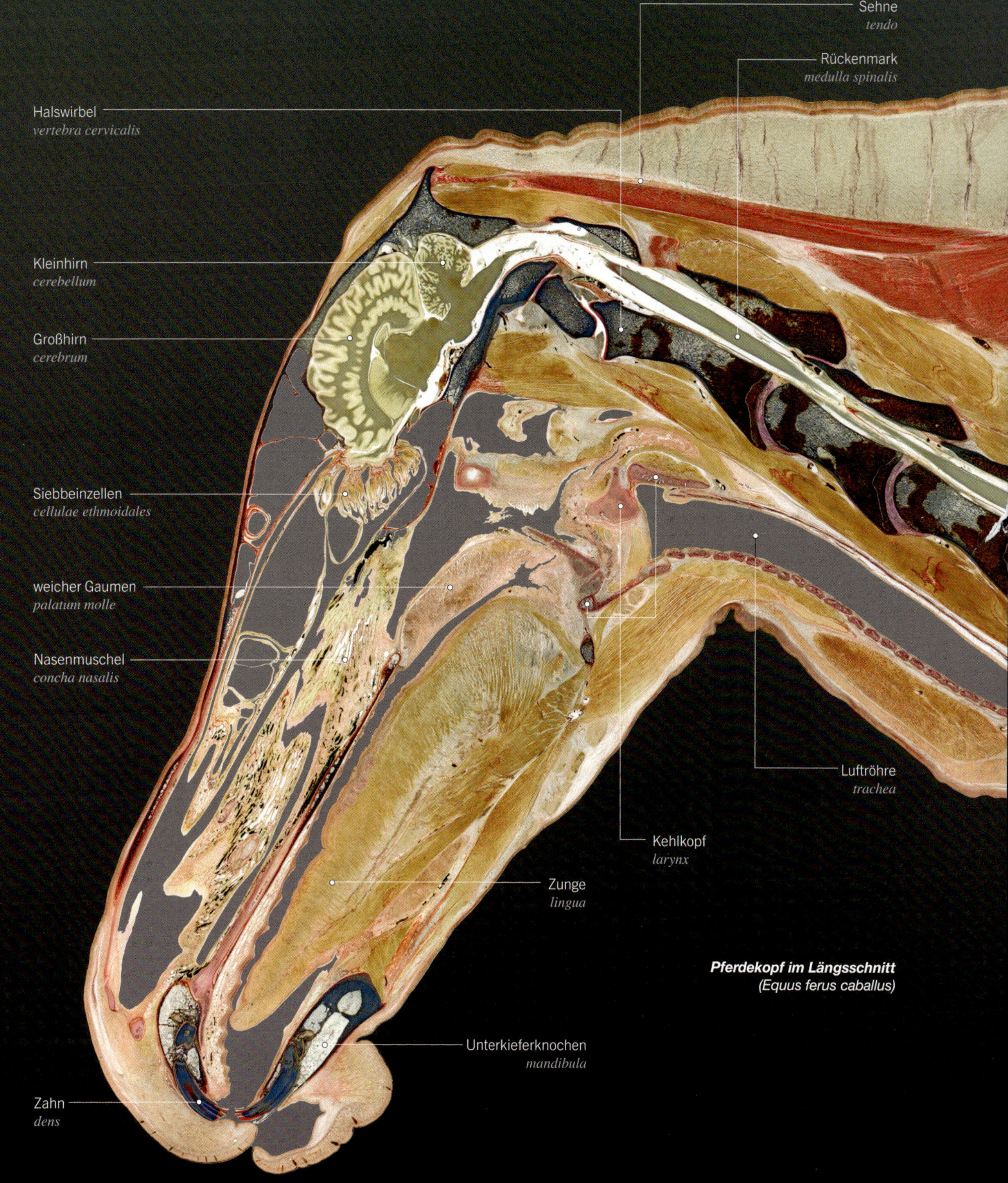

Pferdekopf im Längsschnitt
(Equus ferus caballus)

Das Gehirn des Pferdes
ist im Verhältnis zu seinem Körpergewicht eher klein.
Es wiegt zwischen 400 und 700 Gramm.

Zug um Zug

Lebenswichtiger Gasaustausch

Leben erfordert die ständige Versorgung mit Sauerstoff.
Ohne Sauerstoff könnten die meisten Körperzellen
nur wenige Minuten überleben.
Er ist unerlässlich für den Zellstoffwechsel,
also den Prozess,
der Nährstoffe in Energie umwandelt,
um die Körperfunktionen aufrecht zu erhalten.

Die meisten Robben können die Luft mindestens einige Minuten, manche sogar über eine Stunde lang anhalten.

Plattwurm

Fast alle Wirbeltiere besitzen deshalb Lungen.
Die Lungen nehmen Sauerstoff aus der Luft auf und geben ihn an das Blut ab.
Im Gegenzug wird Kohlendioxid aus dem Blut an die Atemluft abgegeben.

Fische und viele andere im Wasser lebende Tiere besitzen für den Gasaustausch Kiemen.
Andere, meist weniger entwickelte Tiere können den Sauerstoff auch mit der Haut aufnehmen

Plattwürmern fehlt ein Kreislaufsystem, um den Sauerstoff zu verteilen.
Sie besitzen auch keine speziellen Atmungsorgane wie etwa Kiemen.
Die blattartige Körperform bewirkt jedoch, dass die Gewebe eine geringe Distanz zur Körperoberfläche haben und gelösten Sauerstoff per Diffusion erhalten können.

Die Lunge der Säugetiere

Die Lunge der Säugetiere bildet eine große Oberfläche, an der Sauerstoff in das Blut übertritt. Zuerst passiert die Luft Nase und Mund, dann den Rachen und die Luftröhre. Die Luftröhre verzweigt sich in zwei Hauptbronchien, die jeweils in einem Lungenflügel münden. Ähnlich wie die Zweige eines Baums verästeln sich die Bronchien in immer feinere Verzweigungen.

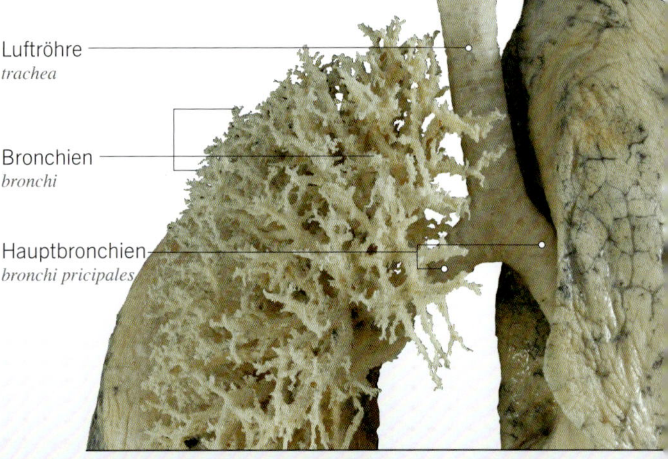

Menschliche Lunge mit präparierten Bronchien
(Homo sapiens)

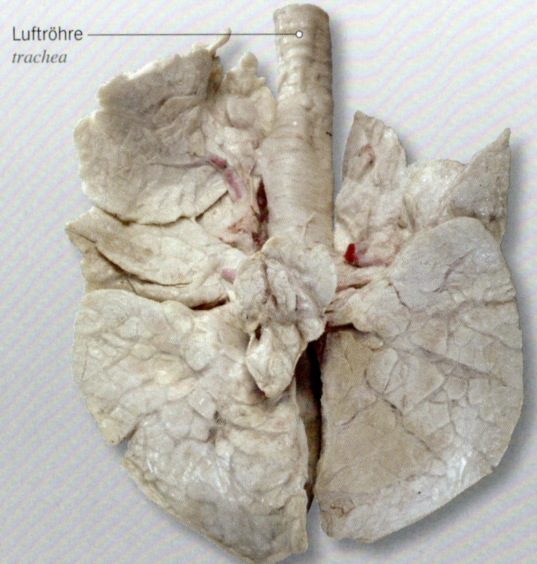

Lunge eines Rentieres
(Rangifer tarandus tarandus)

Die kleinsten Bronchien in der Lunge münden in winzigen Lungenbläschen (Alveolen), die der Lunge ihr schwammähnliches Aussehen verleihen. Man kann sie am besten auf einem vergrößerten Lungenquerschnitt erkennen. Jede Alveole ist von einem Netz winziger Blutgefäße (Kapillaren) umgeben. Hier findet der Gasaustausch statt. Dabei tritt Sauerstoff aus der Atemluft in das Blut über und Kohlendioxid wird aus dem Blut an die Atemluft abgegeben.

Lungengewebe eines Säugetiers

Luftsacksystem der Vögel

Die Lungen der Vögel sind relativ klein. Dennoch kann ein Vogel dreimal mehr Luft einatmen als ein vergleichbar großes Säugetier. Denn ihre Atmungsorgane bestehen aus einem offenen Röhrensystem, in dem zusätzliche Luftsäcke wie Blasebälge dafür sorgen, dass die Lunge beständig von Luft durchströmt wird. Die dünnwandigen Luftsäcke kleiden alle Hohlräume im Vogelkörper aus und ziehen sogar bis in die großen Knochen hinein. Deshalb ist das Vogelskelett vergleichsweise leicht.

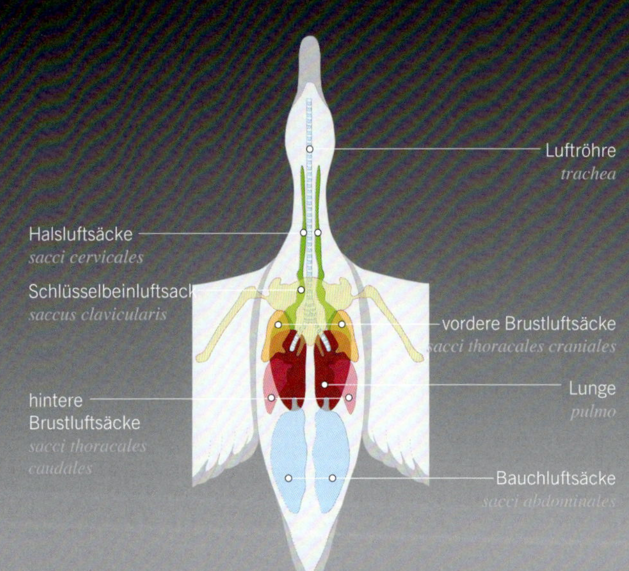

Luft in die Lungen bekommen

Bei Säugetieren liegen die Lungen
geschützt im Brustkorb.
Weitet sich der Brustkorb, strömt Luft in die Lunge ein.
Hauptatemmuskel ist dabei das Zwerchfell,
eine dünne Muskelplatte,
die sich kuppelförmig
zwischen den Brust- und Bauchorganen ausspannt.
Ziehen sich die Muskelfasern des Zwerchfells zusammen,
flacht es ab und vergrößert dadurch den Brustraum
und mit ihm die Lungen.
Dadurch sinkt der Druck in der Lunge
und Luft strömt ein.
Die äußeren Zwischenrippenmuskeln
unterstützen die Einatmung,
indem sie den Brustkorb nach oben und außen ziehen.

Die Ausatmung wird vom Körper kaum unterstützt;
Zwerchfell und Zwischenrippenmuskeln
entspannen sich einfach
und stoßen die Atemluft dabei wieder aus.

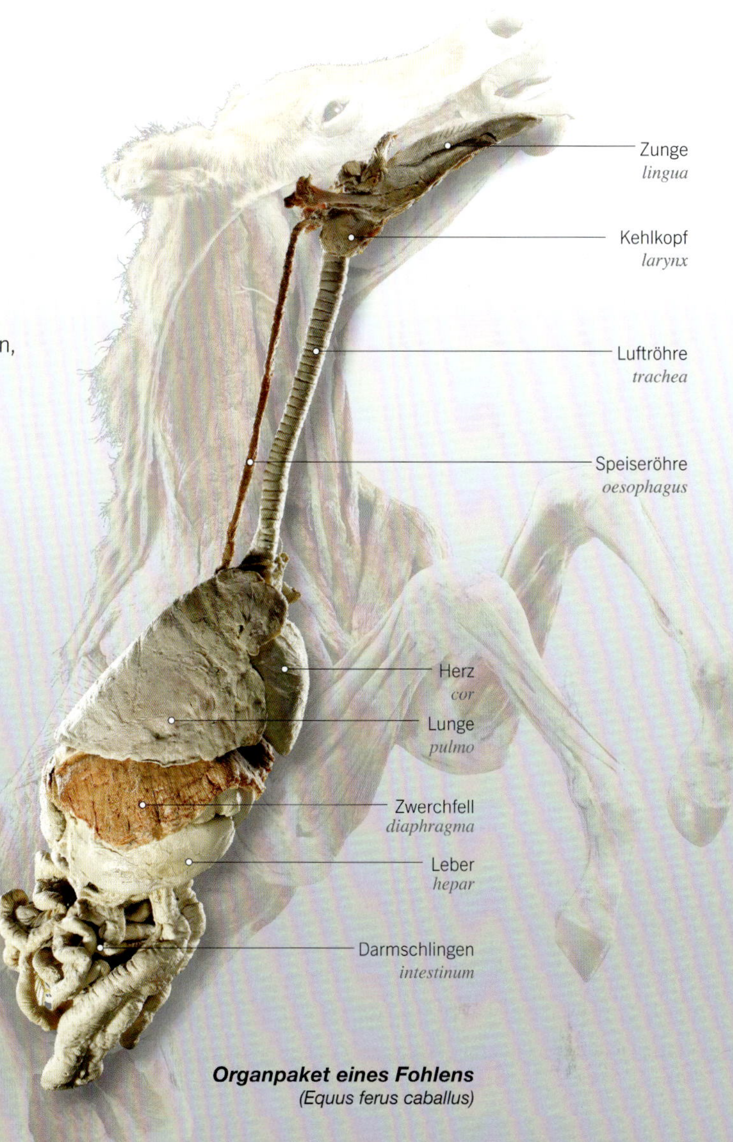

Organpaket eines Fohlens
(Equus ferus caballus)

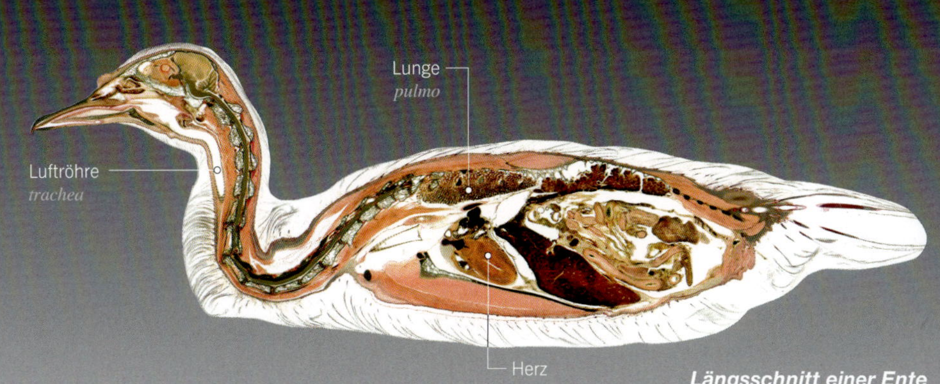

Längsschnitt einer Ente
(Anas platyrhynchos domestica)

Atmen unter Wasser

Kiemen sind auf den Gasaustausch im Wasser spezialisierte Körperteile. Sie finden sich vor allem bei Fischen, aber auch bei Schnecken, Muscheln und anderen Weichtieren sowie bei den Larven von Amphibien.

Fischkiemen bestehen aus mehreren knochigen und knorpeligen Bögen an der Seite des Kopfes. Sie besitzen große, gut durchblutete Oberflächen, die Sauerstoff aufnehmen und Kohlendioxid abgeben können. Dazu müssen sie fließendem Wasser ausgesetzt sein.

Bei den Knochenfischen ist der Kiemenraum von einem Deckel (Operculum) umschlossen, dem Kiemendeckel. Er unterstützt die Aufnahme von Atemwasser durch ein Saug-Drucksystem.

Fisch mit präparierten Kiemen
(Scomber scombrus)

Knorpelfische, wie etwa der Hai, besitzen dagegen keine Kiemendeckel; ihre Kiemenspalten sind nach außen hin offen. Um dennoch genügend Sauerstoff aus dem Wasser filtern zu können, muss der Hai durch seine Körperbewegungen den notwendigen Wasserstrom an den Kiemenblättern erzeugen. Deshalb können die meisten Haiarten nur atmen, wenn sie schwimmen.

Außenkiemen

Amphibienlarven, wie die dieses Molchs, tragen Außenkiemen an den Kopfseiten. Sie sind verletzlich, regenerieren sich aber leicht wieder.

Molchlarve

Makrelenhai
(Isurus)

Vernetzt fürs Leben

Der Blutkreislauf

Höhere Tiere verfügen über ein wichtiges inneres Transportsystem: das Herz-Kreislauf-System.

Es verteilt Nährstoffe, Sauerstoff und Hormone an die verschiedenen Körperregionen und sammelt gleichzeitig die Abbauprodukte des Stoffwechsels ein, die ausgeschieden werden müssen.

Das Herz ist der Motor dieses Systems und das dichte Netz der Blutgefäße bildet die Transportwege.

Das Herz des Glasfroschs ist vorne im Brustraum zu sehen. Die dicken Muskelwände verdecken das rote Blut darin, doch in der zu ihm führenden Bauchvene ist es gut zu erkennen.

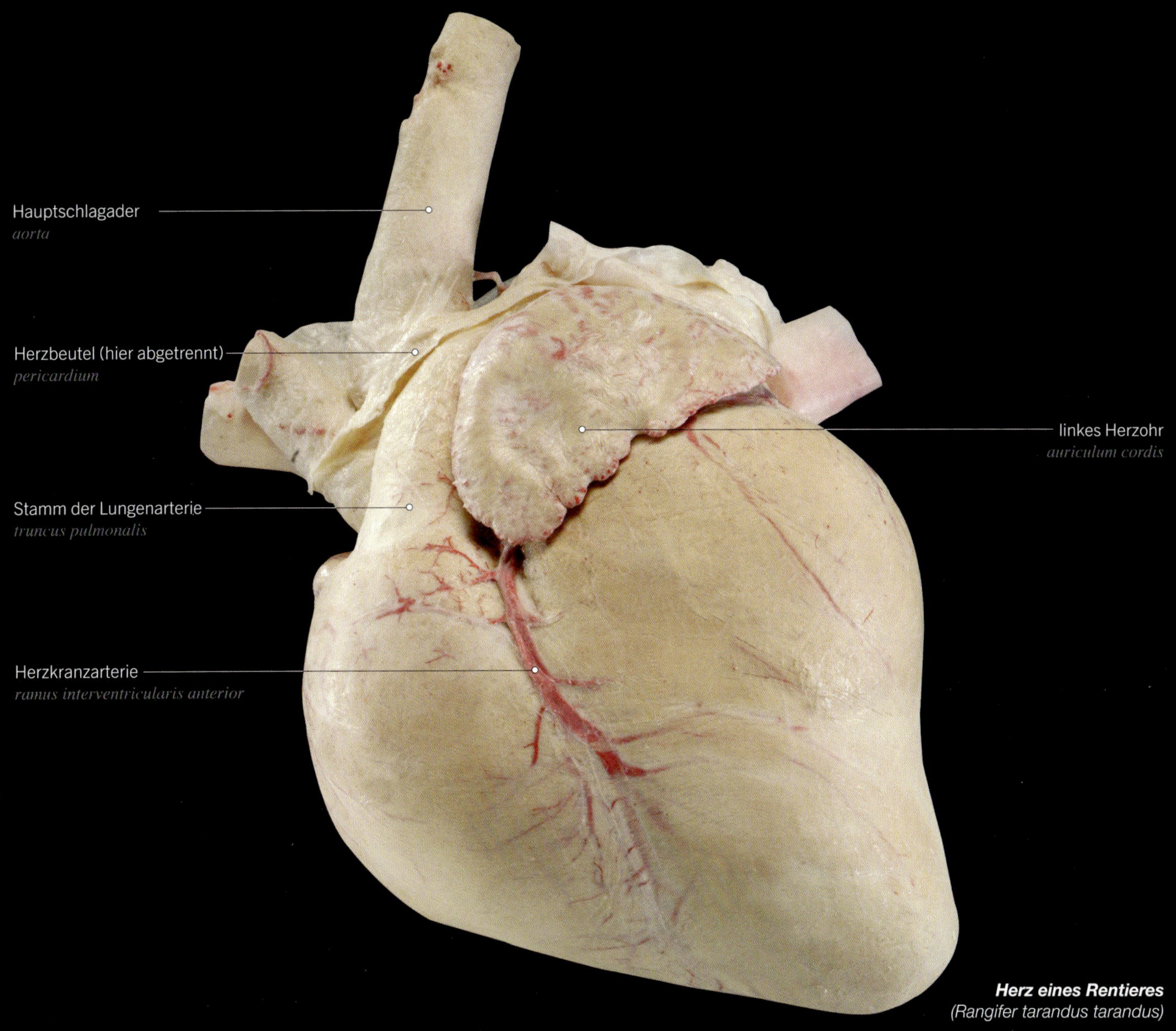

Herz eines Rentieres
(Rangifer tarandus tarandus)

Der Motor des Kreislaufs

Das Herz ist ein muskuläres Hohlorgan, das den Blutstrom unentwegt in Gang hält. Seine Muskelfasern verlaufen spiralförmig. Wenn sie sich zusammenziehen, verkleinern sich die Herzkammern und pressen das Blut in die Gefäßstrombahn.

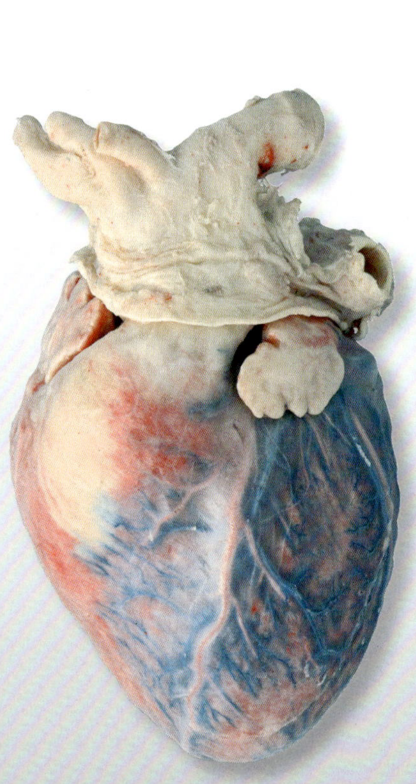

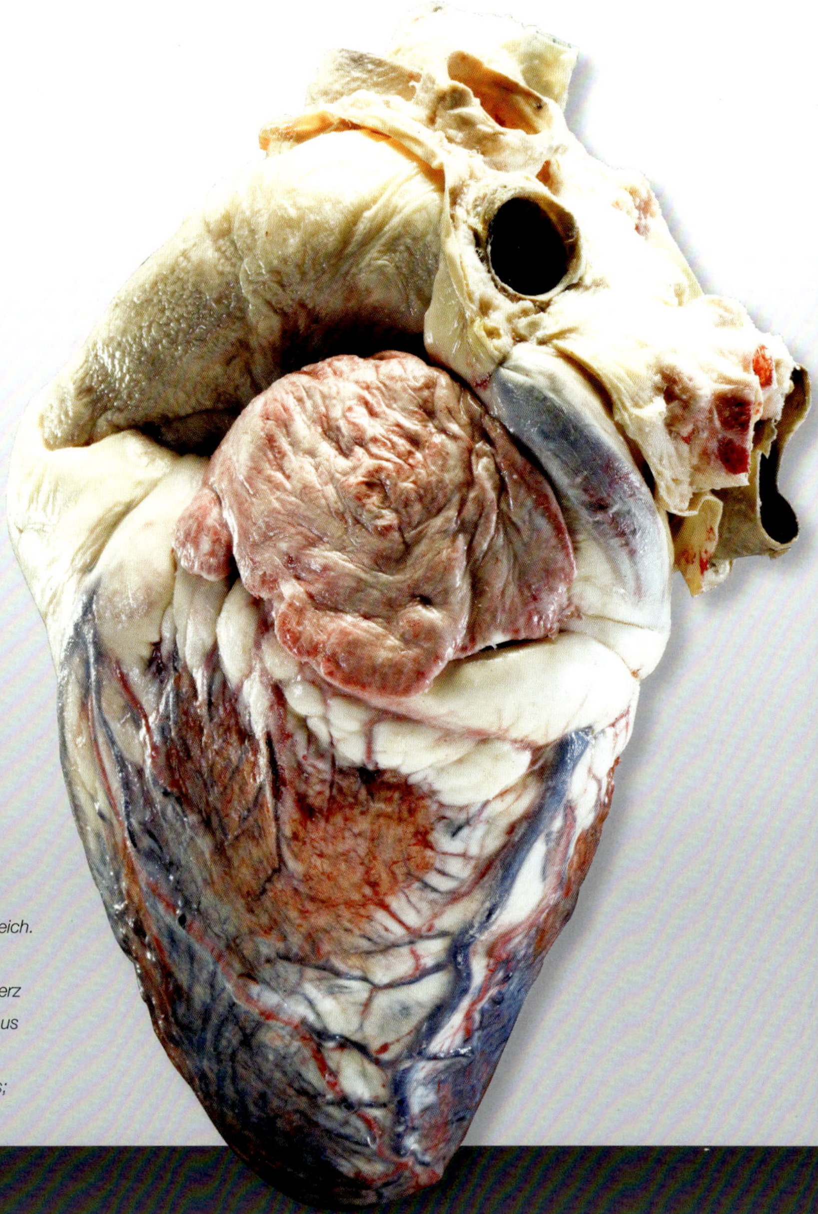

Menschliches Herz (links) und Rinderherz (rechts) im Vergleich. Bei Säugetieren korreliert die Größe des Herzens ganz wesentlich mit dem Körpergewicht. Das gesunde Herz eines Menschen macht etwa 0,5 % des Körpergewichts aus und wiegt im Durchschnitt zwischen 300 und 350 g. Bei einem Rind sind es 0,4 bis 0,6 % des Körpergewichts; es wiegt durchschnittlich 2,5 kg.

Innerer Aufbau

Säugetiere und Vögel zeigen einen ähnlichen Aufbau des Herzens mit je zwei Vor- und Hauptkammern und vier Klappen. Dabei verhält sich die Größe des Herzens etwa proportional zum Körpergewicht. Die Herzen unterscheiden sich untereinander daher vor allem durch ihre Größe und ihr Gewicht.

Die meisten Reptilien haben dagegen ein Herz mit zwei Vorkammern und nur einer einheitlichen Hauptkammer ohne Scheidewand. Den einfachsten Aufbau unter den Wirbeltieren hat das Fischherz. Es besteht nur aus einem dünnwandigen Vorhof und einer dickwandigen, muskulösen Kammer. Zwischen den beiden befindet sich eine Klappe, die einen Rückstrom des Blutes verhindert.

Bei Säugetieren und Vögeln befinden sich im oberen Teil des Herzens zwei Vorhöfe (Atrien), die jeweils das ankommende Blut aufnehmen. Darunter liegen die muskelstärkeren Herzkammern (Ventrikel). Die linke Kammer pumpt das Blut mit relativ hohem Druck in die Arterien des großen Körperkreislaufs. Diese münden im Kapillarbett der Organe. Von dort sammelt sich das Blut wieder in den Venen, die es zurück zum rechten Vorhof transportieren. Die rechte Kammer pumpt schließlich das Blut zur erneuten Sauerstoffanreicherung in die Lunge („kleiner Kreislauf“).

Da der Gesamtgefäßwiderstand des Körperkreislaufs erheblich größer ist als der des Lungenkreislaufs, muss die linke Herzkammer deutlich mehr Druck aufbringen. Sie weist daher eine wesentlich stärkere Wanddicke auf als die rechte. Das Füllungs- und Schlagvolumen beider Herzkammern ist jedoch gleich.

Den Blutfluss regeln

Der Blutfluss im Inneren des Herzens wird durch Einwegeklappen geregelt, die aus fasrigem Bindegewebe bestehen. Aufgrund ihrer Form werden sie Segelklappen genannt. An den Öffnungen zur Aorta und zur Lungenarterie verhindern taschenförmige Klappen den Blutrückfluss in die Herzkammern. Durch das Aneinanderschlagen der Klappen während der Herzaktion entstehen die typischen Herztöne.

Mathematik des Lebens

Im Durchschnitt schlägt ein Herz im Leben eines Säugetieres etwa eine Milliarde Mal. Dabei ist die Schlagfrequenz in der Regel umso kleiner, je größer das Tier ist. Die Spitzmaus zum Beispiel lebt sehr flott. Ihr Herz schlägt fast 1.000 Mal pro Minute. Sie verbraucht ihre verfügbaren Herzschläge innerhalb von zwei Jahren. Das Herz eines Elefanten schlägt dagegen nur ungefähr 30 Mal pro Minute. Elefanten können bis zu 70 Jahre alt werden.

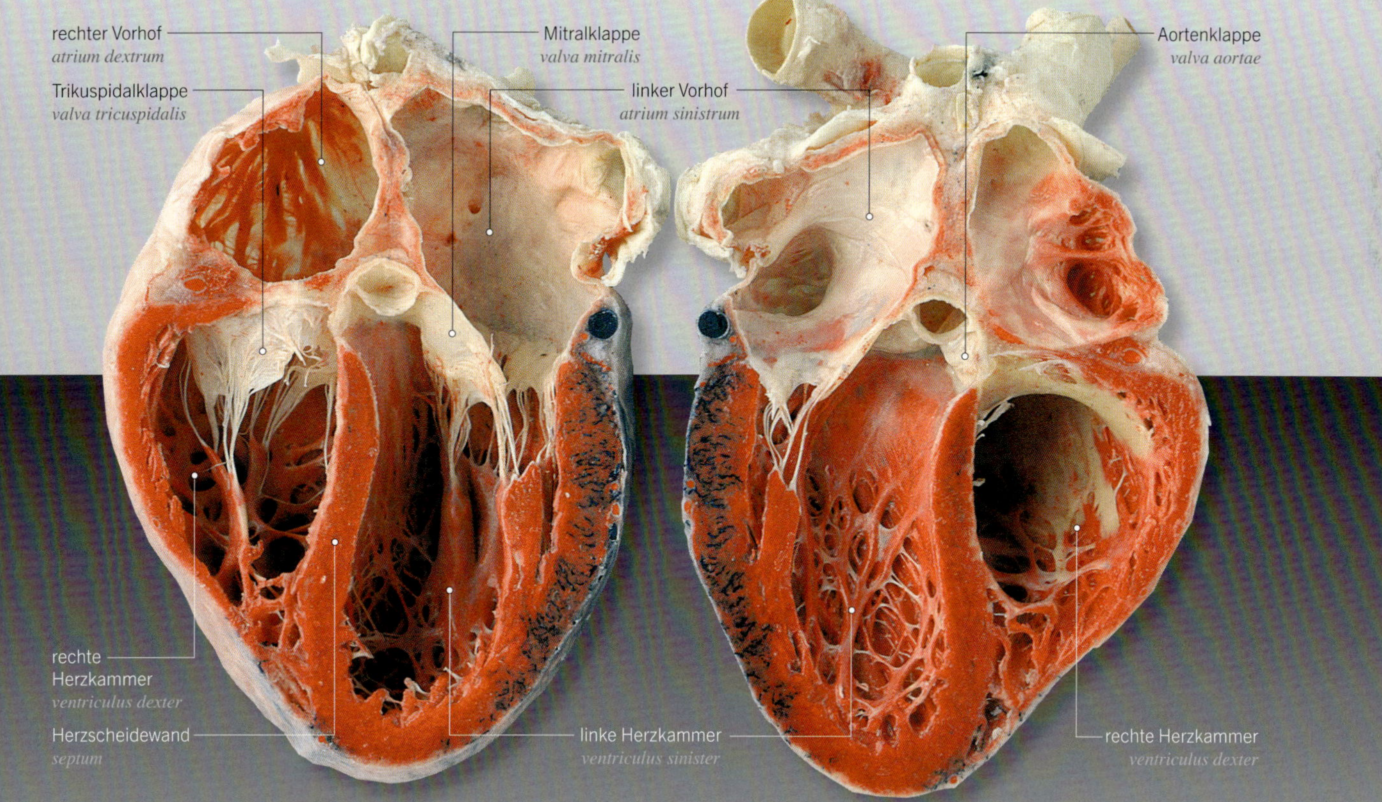

Das Herz eines Menschen ist etwa so groß wie eine Faust. Im Ruhezustand schlägt es etwa 70 Mal pro Minute und pumpt bei jedem Schlag rund 75 Milliliter Blut.

Das ergibt ungefähr 200 Millionen Liter gepumptes Blut in einem Menschenleben von durchschnittlich 75 Jahren. Genug, um mehr als 3 Supertanker zu befüllen.

Die Blutgefäße

In drei Blutgefäßarten – Arterien, Venen und Kapillaren – wird das Blut vom Herzen durch den ganzen Körper und wieder zurück transportiert.

Als Arterien bezeichnet man alle Gefäße, die vom Herzen wegführen. Sie sind gewissermaßen wie große Schnellstraßen, die das Blut im Körper verteilen. Die Aorta ist die größte Schlagader im Körper. Sie entspringt direkt dem Herzen. Die Arterien verzweigen und verjüngen sich auf ihrem Weg zu den Organen und Geweben mehr und mehr, bis sie die Stärke von hauchdünnen Haargefäßen erreicht haben, die Kapillaren.

Durch die Kapillarwände hindurch erfolgt der Austausch von Nährstoffen, Sauerstoff und anderen Stoffen zwischen Blut und Gewebe. Danach sammelt sich das Blut in immer größeren Venen, die das Blut zurück zum Herzen transportieren.

Gefäßgestalt eines Kaninchens
(Oryctolagus cuniculus forma domestica)

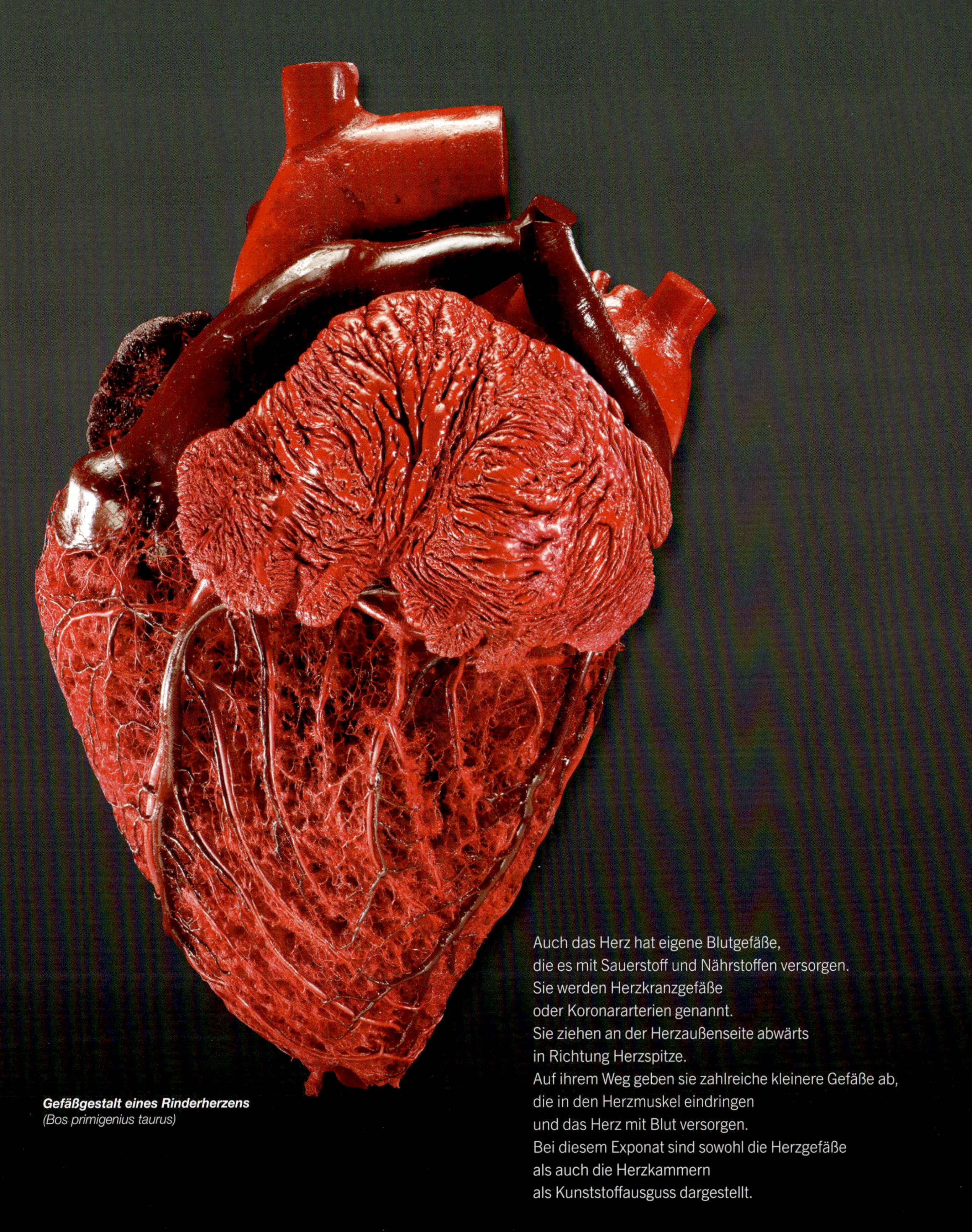

Gefäßgestalt eines Rinderherzens
(Bos primigenius taurus)

Auch das Herz hat eigene Blutgefäße,
die es mit Sauerstoff und Nährstoffen versorgen.
Sie werden Herzkranzgefäße
oder Koronararterien genannt.
Sie ziehen an der Herzaußenseite abwärts
in Richtung Herzspitze.
Auf ihrem Weg geben sie zahlreiche kleinere Gefäße ab,
die in den Herzmuskel eindringen
und das Herz mit Blut versorgen.
Bei diesem Exponat sind sowohl die Herzgefäße
als auch die Herzkammern
als Kunststoffausguss dargestellt.

Gefäßgestalten

Gefäßgestalten sind die perfekte Abformung des inneren Gefäßprofils. Zu ihrer Herstellung werden die Gefäße mit einem farbigen Kunststoff injiziert. Ist dieser ausgehärtet, hat er die Form der Gefäße angenommen. Danach wird das umliegende Gewebe mechanisch und chemisch mit Hilfe von Fermenten entfernt. Gefäßgestalten bestehen also einzig und allein aus mit Kunststoff injizierten Gefäßen.

Bei der abgebildeten Ente und dem Ferkel sind nur die wichtigsten Arterienäste dargestellt. Wären auch die kleinsten Gefäße, die Kapillaren, mit Kunststoff ausgefüllt, wäre das Gefäßnetz so dicht, dass man nicht mehr hindurchsehen könnte.

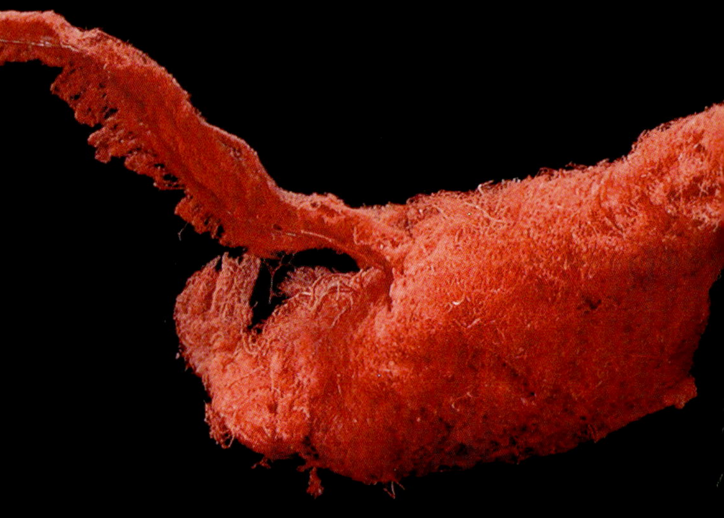

Gefäßgestalt einer fliegenden Ente
(Anas platyrhynchos domestica)

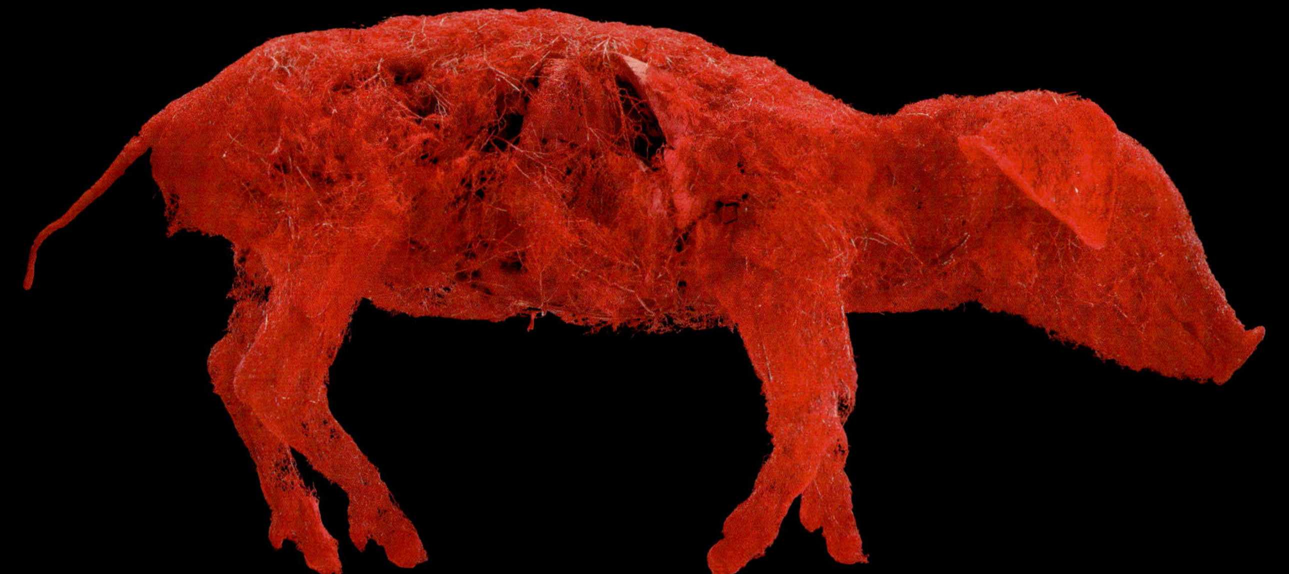

Gefäßgestalt eines Ferkels
(Sus scrofa domestica)

Gefäßgestalt eines Pferdekopfes
(Equus ferus caballus)

Bei diesem Exponat ist der Kunststoff bis in die Hautkapillaren eingedrungen. Es verdeutlicht,
wie dicht das Gefäßnetz der Arterien und Kapillaren ist:
beim Anblick mit bloßem Auge hat man den Eindruck,
auf die rot gefärbte Haut des Pferdes zu schauen.

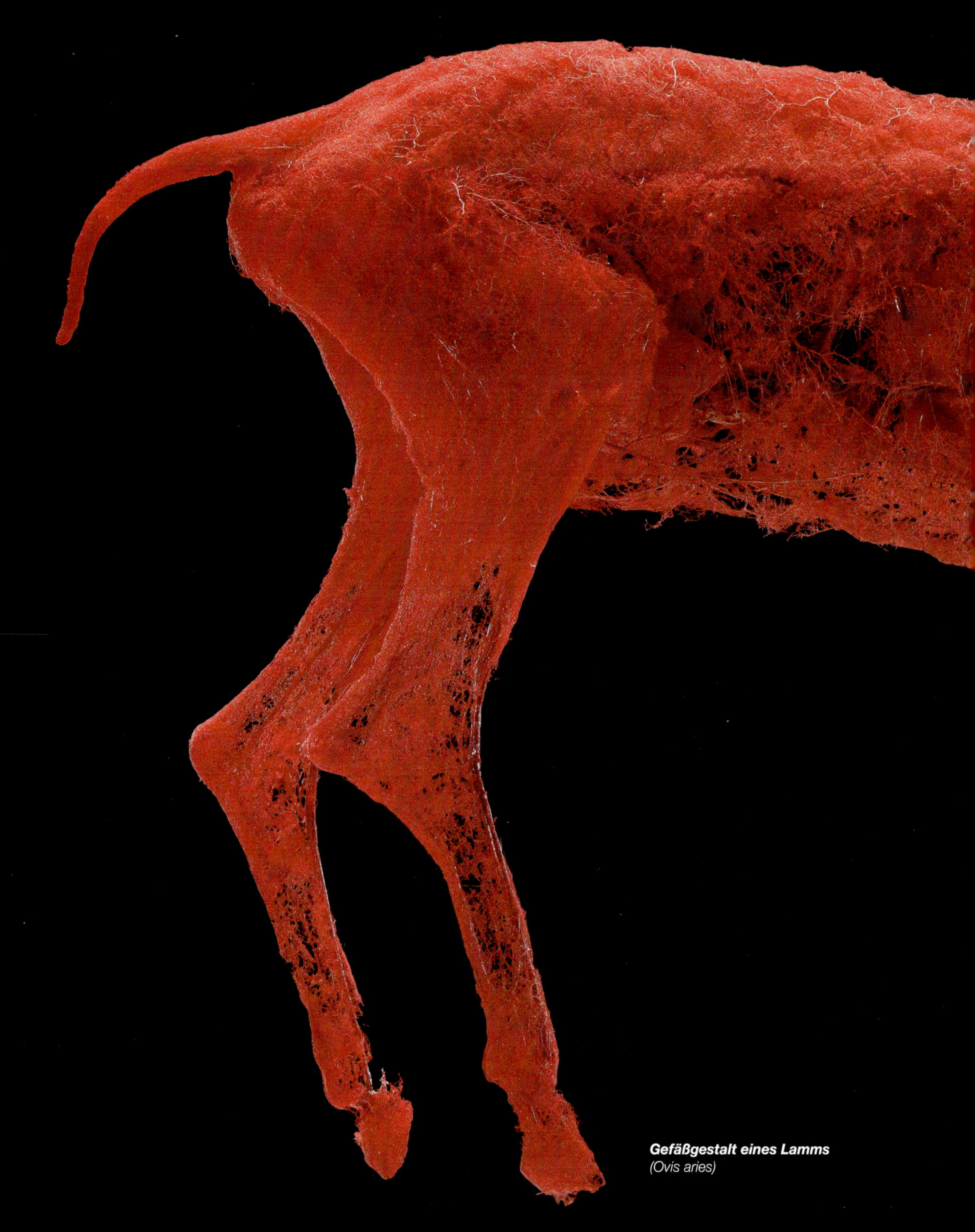

Gefäßgestalt eines Lamms
(Ovis aries)

Lebenselixier Blut

Das Blut der Wirbeltiere erfüllt eine Vielzahl von Funktionen:

- es verteilt Nährstoffe, Sauerstoff, Hormone und andere Botenstoffe,
- es sammelt die Abfallprodukte wieder ein,
- es dient der Krankheitsabwehr und
- es reguliert die Körpertemperatur.

Blut besteht aus einer farblosen Flüssigkeit, dem Plasma, in dem Milliarden von roten und weißen Blutkörperchen sowie Blutplättchen schweben.
Die roten Blutkörperchen – die Erythrozyten – sind eindeutig in der Überzahl.
Sie transportieren Sauerstoff und entsorgen Kohlendioxid.
Die farblosen weißen Blutkörperchen – die Leukozyten – gehören zum Abwehrsystem des Körpers.
Die Blutplättchen, auch Thrombozyten genannt, sind an der Blutgerinnung beteiligt.

Bei den meisten Wirbeltieren fließt das Blut so schnell, dass ein rotes Blutkörperchen den Körper in wenigen Sekunden durchlaufen kann.
Dabei erreicht es jeden noch so entlegenen Winkel.

Gut gekaut, halb verdaut

Nährstoffe in Energie umwandeln

Alle Prozesse in einem Organismus benötigen Energie, die aus der Nahrung gewonnen wird.

Höher entwickelte Tiere besitzen ein komplexes Organsystem, das die Nahrung in so kleine Bestandteile zerlegt, dass sie ins Blut übertreten können: den Verdauungstrakt.

Vereinfacht gesagt, ist der Verdauungstrakt ein Schlauchsystem, das mit dem Mund beginnt und dem After endet.

Je nach Größe des Tieres kann der Verdauungstrakt mehrere Meter lang sein. Den längsten Verdauungstrakt hat der Pottwal mit einer Länge von bis zu 650 Metern. Beim Menschen ist er etwa 7 bis 9 Meter lang.

Unverdauliche Reste scheidet der Organismus wieder aus

Viele Tiere haben sich einer speziellen Nahrung angepasst. Damit ist ihr Leben von der geographischen Verbreitung ihrer Nahrung sowie von ihrer Verfügbarkeit abhängig.

Nahrung zerlegen

Der Verdauungstrakt ist der Ernährungsweise der jeweiligen Tierart optimal angepasst.

Die meisten Wirbeltiere zerkleinern die Nahrung zunächst grob im Mund. Danach gelangt sie über die Speiseröhre in den Magen und wird dort angedaut.

Von dort wird der Speisebrei nach und nach in den Dünndarm abgegeben und mit Verdauungssäften aus Leber und Bauchspeicheldrüse vermischt.

Der Dünndarm ist der Hauptort der Verdauung. Hier treten die meisten Nährstoffmoleküle durch die Darmwand hindurch ins Blut über.

Unverdauliche Reste gelangen in den Dickdarm, wo ihnen Wasser entzogen wird. Anschließend werden sie durch den Enddarm ausgeschieden.

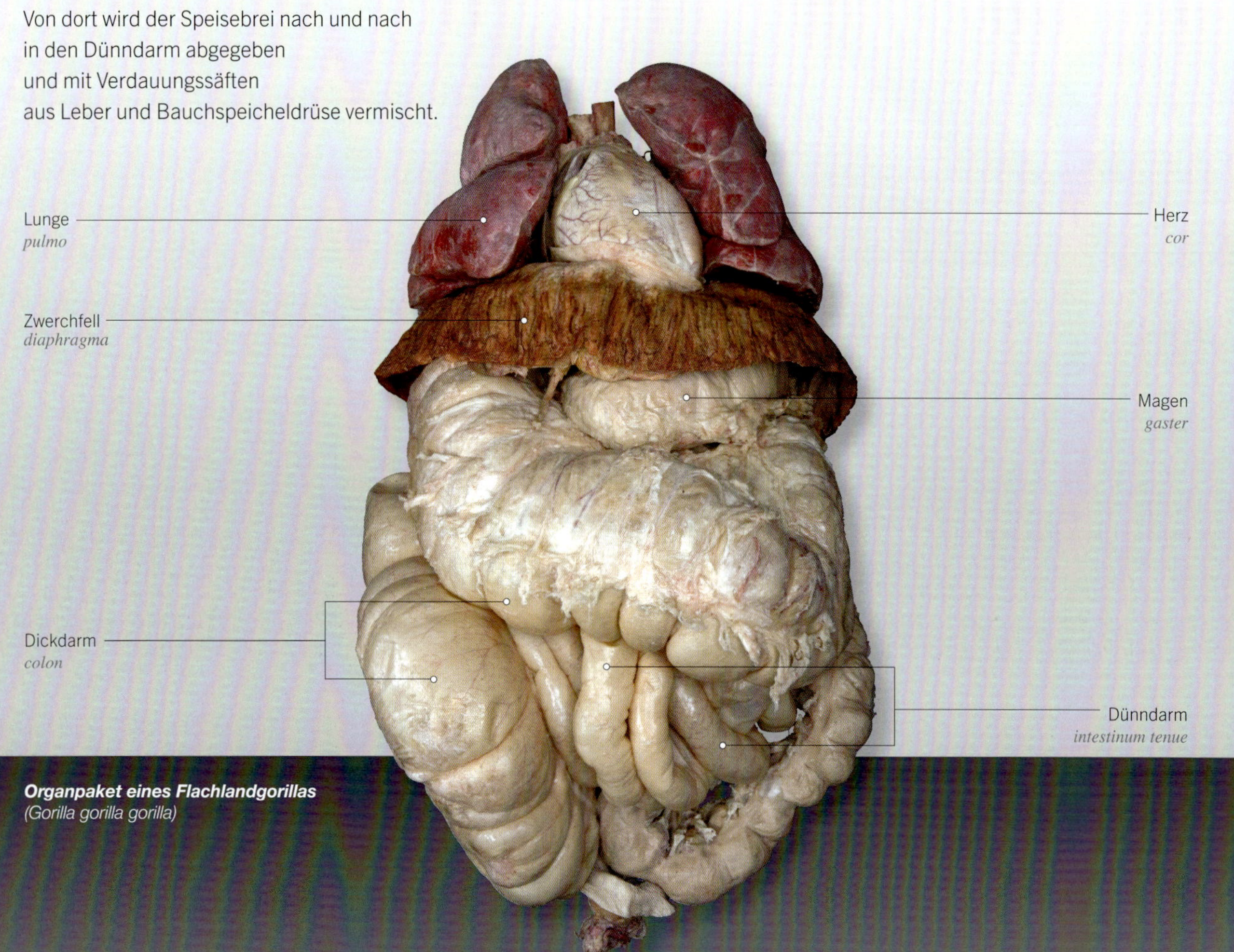

Organpaket eines Flachlandgorillas
(Gorilla gorilla gorilla)

Dieses Exponat zeigt alle Organe des Brust- und Bauchraumes eines Gorillas in ihrem natürlichen Verbund. Die Organe sind mit einer feinen, glatten Haut umhüllt, dem Lungen- bzw. Bauchfell. Sie produziert ein Sekret, das sicherstellt, dass sich die Organe reibungsfrei gegeneinander verschieben können.

Der Gorilla hat sehr lange Gedärme, wie sie für Pflanzenfresser typisch sind. Die Hälfte ihrer Wachzeit verbringen Gorillas mit Fressen.

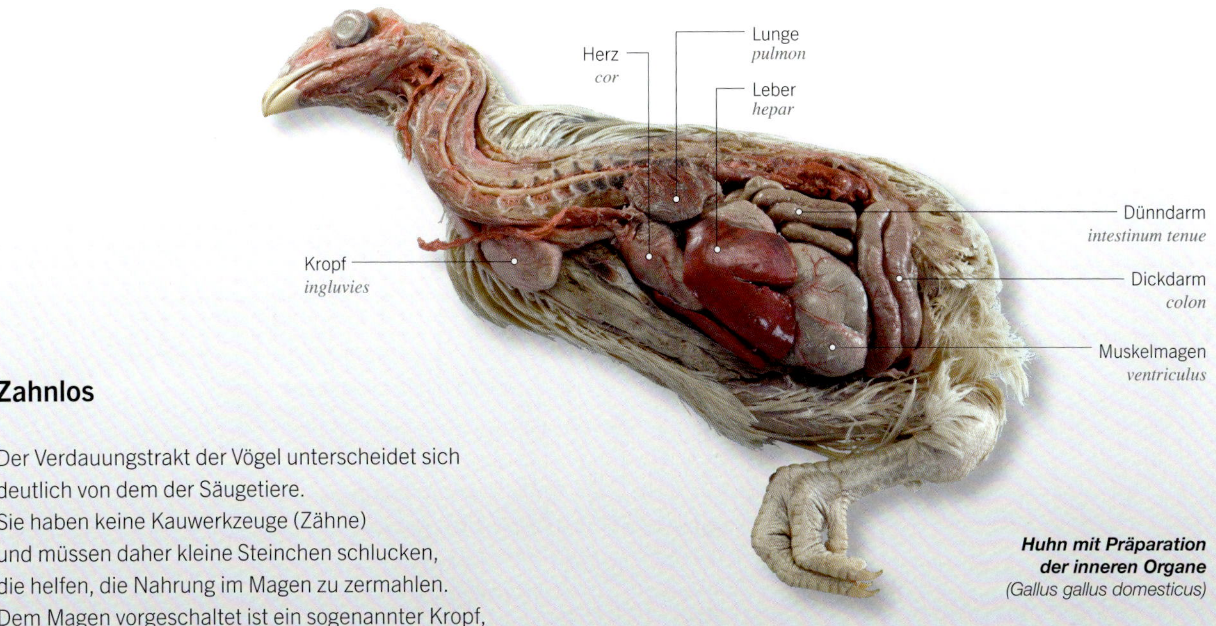

Huhn mit Präparation der inneren Organe
(Gallus gallus domesticus)

Zahnlos

Der Verdauungstrakt der Vögel unterscheidet sich deutlich von dem der Säugetiere. Sie haben keine Kauwerkzeuge (Zähne) und müssen daher kleine Steinchen schlucken, die helfen, die Nahrung im Magen zu zermahlen. Dem Magen vorgeschaltet ist ein sogenannter Kropf, in dem sie Futter zwischenlagern. Der Darm ist im Verhältnis zur Körperlänge deutlich kürzer als bei Säugetieren.

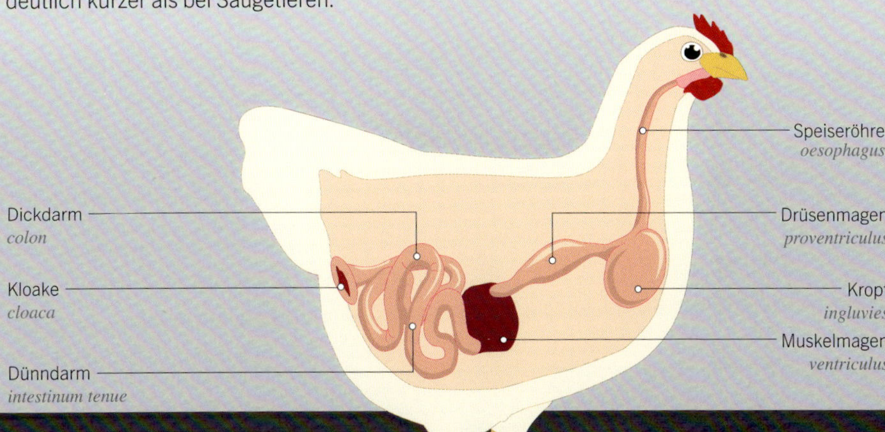

Verdauungstrakt eines Huhns
Digestive tract of a chicken

Doppelfunktion

Niedere (also wenig komplexe) Tiere wie z.B. Quallen, Seeanemonen, Nesseltiere oder Korallenpolypen besitzen nur eine Körperöffnung, einen Mund-After, durch den nicht nur die Nahrung aufgenommen, sondern Abfallprodukte auch wieder ausgeschieden werden.

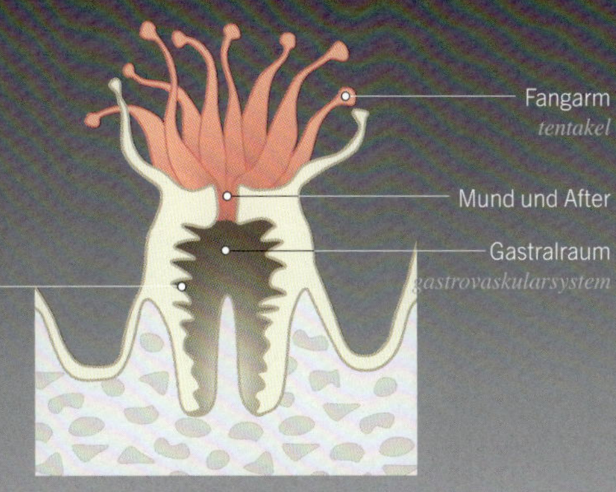

Korallenpolyp

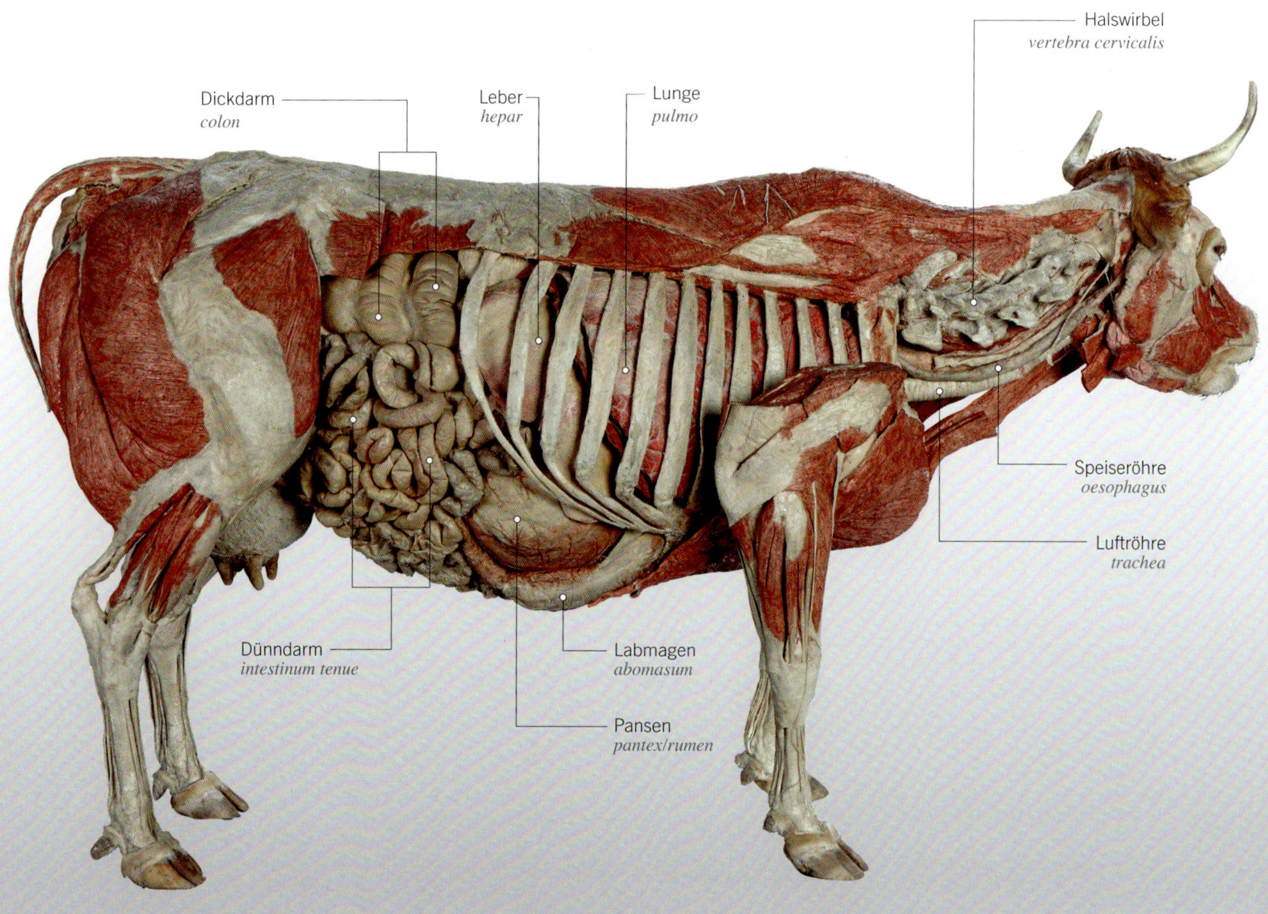

Kuh
(Bos primigenius taurus)

Wiederkäuer

Wiederkäuer fressen im Wesentlichen Gras, das nur wenig Nährstoffe enthält. Ihr Verdauungssystem ist daher besonders für die Verdauung von pflanzlicher Nahrung angepasst: Sie besitzen neben dem normalen Magen (Labmagen) noch mehrere Vormägen (Pansen, Netzmagen und Blättermagen).
Darin findet eine mikrobielle Zersetzung der Nahrung statt, die es den Tieren ermöglicht, auch solche Kohlenhydrate zu verwerten, die für andere Säugetiere unverdaulich sind, wie zum Beispiel Zellulose.

Der Ausdruck „Wiederkäuer" kommt daher, dass die Tiere den vorverdauten Nahrungsbrei in Ruhephasen hochwürgen und nochmals zerkauen, bevor die Nahrung der eigentlichen Verdauung zugeführt wird.

Zu den Wiederkäuern zählen Rinder, Schafe, Ziegen, aber auch Hirsche, Rentiere, Antilopen, Giraffen und Gazellen.

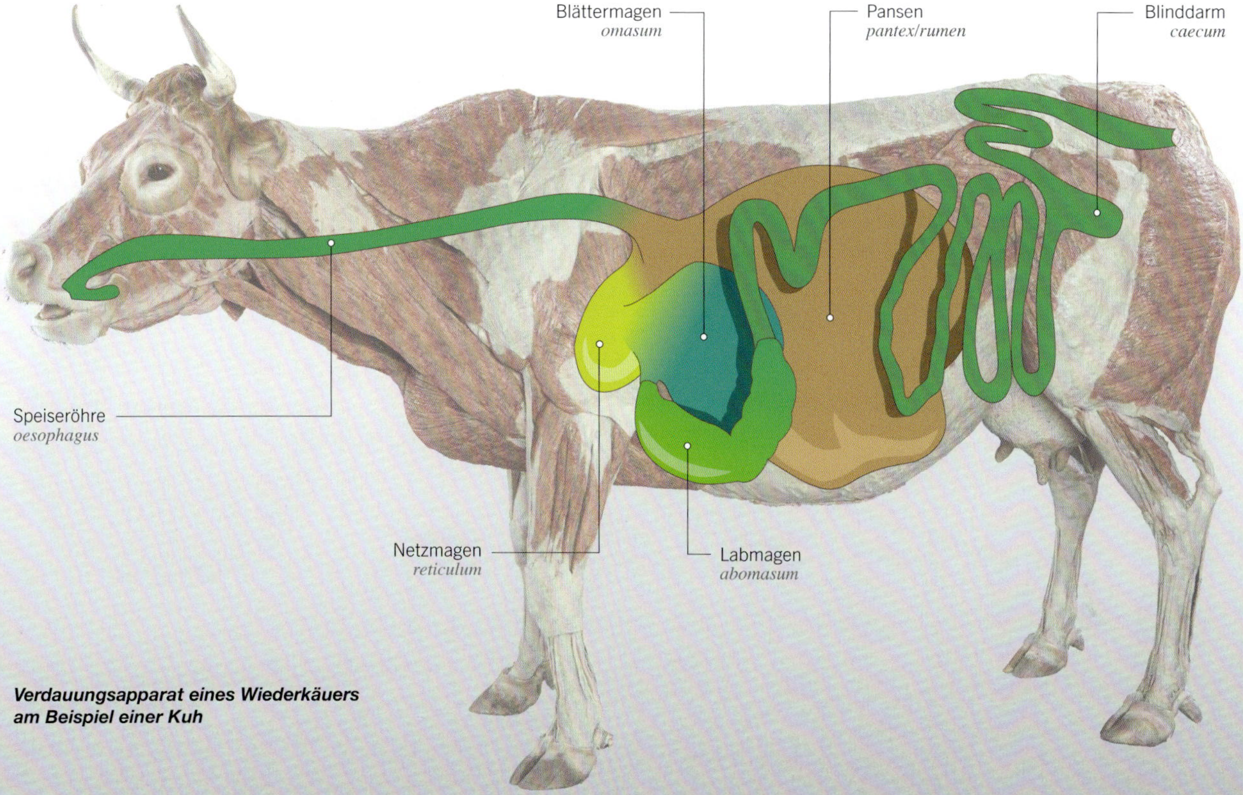

Blättermagen
omasum
Pansen
pantex/rumen
Blinddarm
caecum
Speiseröhre
oesophagus
Netzmagen
reticulum
Labmagen
abomasum

Verdauungsapparat eines Wiederkäuers am Beispiel einer Kuh

Dünndarm
intestinum tenue
Speiseröhre
oesophagus
Blättermagen
omasum
Netzmagen
reticulum
Labmagen
abomasum
Pansen
pantex/rumen

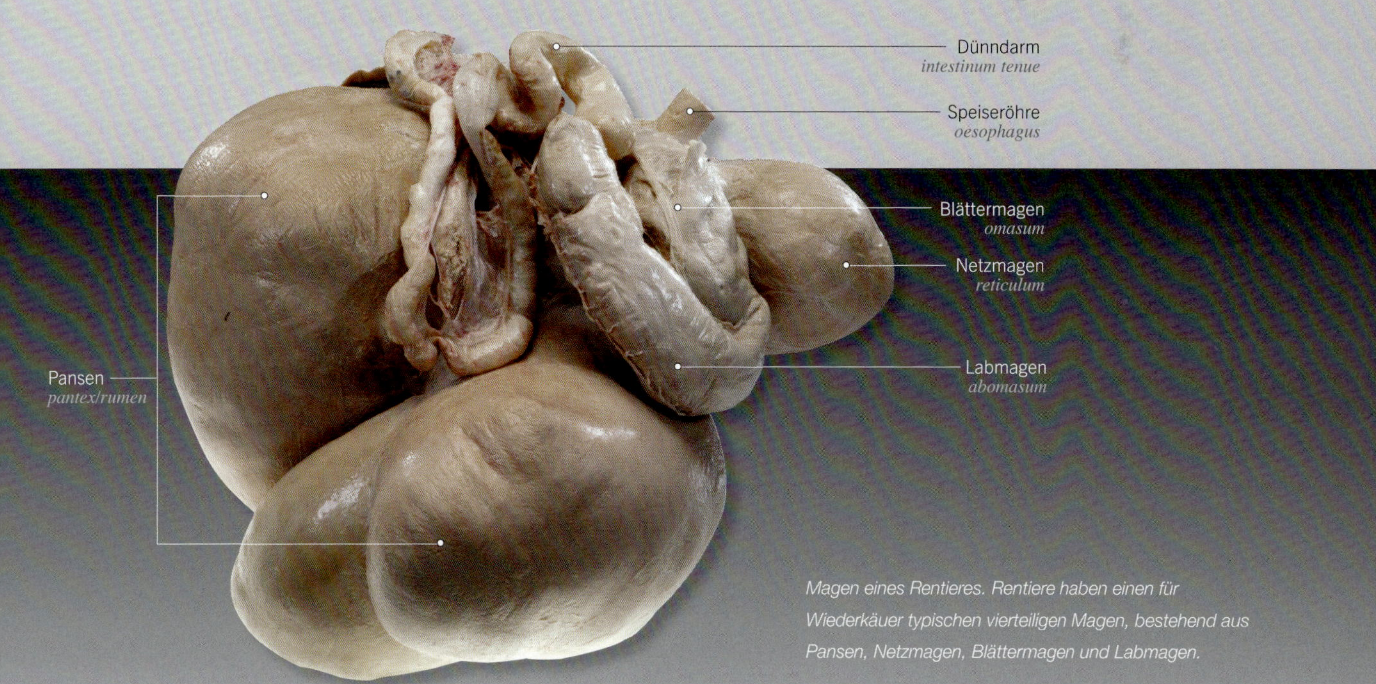

Magen eines Rentieres. Rentiere haben einen für Wiederkäuer typischen vierteiligen Magen, bestehend aus Pansen, Netzmagen, Blättermagen und Labmagen.

Die Nahrung gelangt zunächst in den Pansen, der bis zu 180 Liter Inhalt haben kann. Er gleicht einer großen Gärkammer, in der die Speisen mit Hilfe von Mikroorganismen chemisch aufgeschl ossen werden. Diesen Prozess nennt man Fermentierung.

Danach gelangt die Nahrung in den Netzmagen. Er spielt eine wichtige Rolle beim Trennen von festen und bereits fermentierten Futterstoffen: Feste Stoffe werden zum Wiederkäuen in den ersten Vormagen, den Pansen, zurückgeleitet. Bereits fermentierte Futterstoffe gelangen dagegen in den Blättermagen.

Im Blättermagen werden Wasser und wasserlösliche Nahrungsbestandteile resorbiert. Danach gelangt die eingedickte Nahrung in den eigentlichen Drüsenmagen, den Labmagen. Dort wird die Speise durch Beimischung von Salzsäure und körpereigener Enzymen weiter aufgespalten, um deren Aufnahme im Darm zu ermöglichen.

Der komplette Verdauungsprozess dauert bei Wiederkäuern zwei Tage.

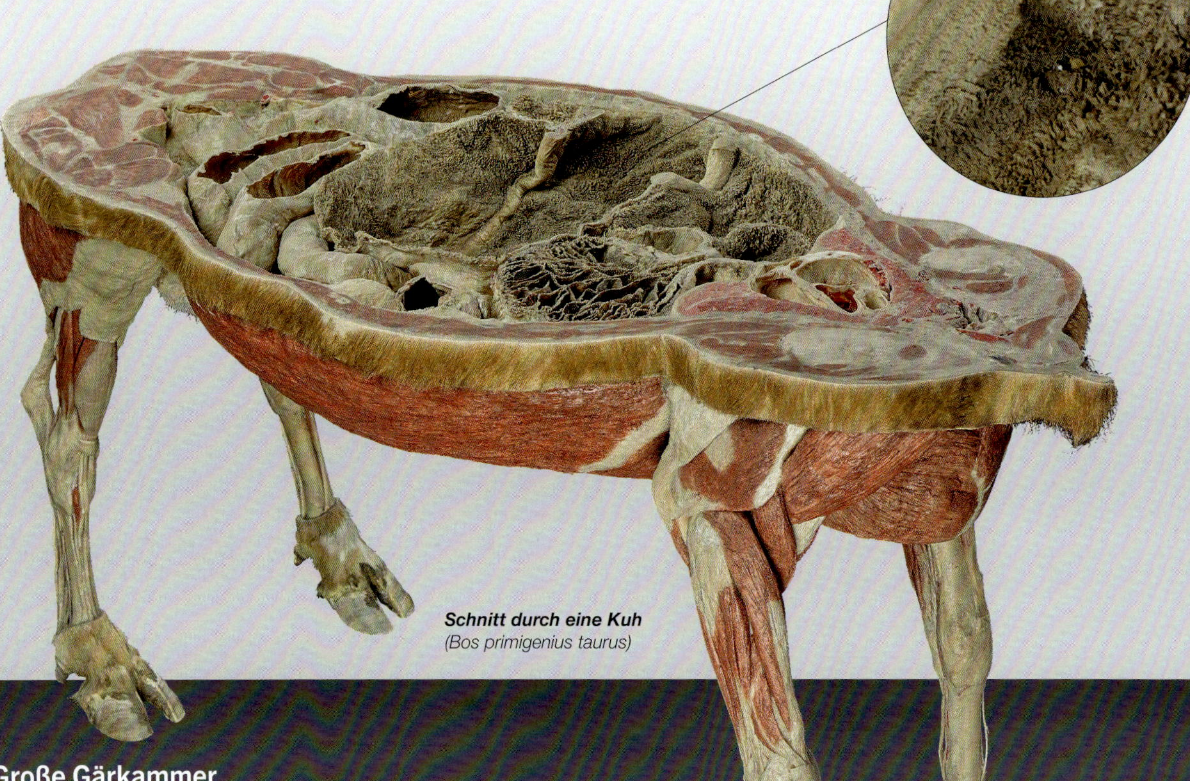

Schnitt durch eine Kuh
(Bos primigenius taurus)

Große Gärkammer

Wie auf dem Querschnitt gut zu erkennen, nimmt der Magen einen großen Raum in der Bauchhöhle der Kuh ein. Er hat ein Fassungsvermögen von insgesamt 110 bis 230 Litern.

Der größte Abschnitt des Magens, der Pansen, gleicht einer großen Gärkammer: Er enthält Millionen kleiner Mirkoorganismen, die in der Lage sind, Gras und andere Pflanzen zu zerlegen. Auf diese Weise können Kühe auch Zellulose verwerten, die für andere Säugetiere mit nur einem Magen unverdaulich sind.

Vom vierten und letzten Magenabschnitt, dem Labmagen, aus gelangt die Nahrung in den 35 bis 60 Meter langen Darm. Hier wird sie endgültig verdaut und in die Einzelnährstoffe zerlegt.

Leber eines Rentieres
(Rangifer tarandus tarandus)

Rentier
(Rangifer tarandus tarandus)

Die Leber – Chemiefabrik des Körpers

Die Leber ist bei Wirbeltieren
das zentrale Organ des gesamten Stoffwechsels.
Sie baut vor allem die Nährstoffe ab,
die ihr über den Blutstrom vom Darm zugeführt werden.
Sie nimmt damit eine Schlüsselfunktion
im Kohlenhydrat-, Fett- und Eiweißstoffwechsel ein.
Darüber hinaus wirkt sie als Kläranlage,
indem sie Giftstoffe aus dem Blut aufnimmt
und zu Abfallprodukten umwandelt.
Die Leber ist die größte Drüse der Wirbeltiere.

Kraftvolles Klärwerk

Die Ausscheidungsorgane

Jeder Organismus
produziert in seinem Körper auch Abfallstoffe.
Das Filtern des Blutes
ist im Tierreich eine verbreitete Methode,
solche Abfallstoffe auszuscheiden.

Bei Wirbeltieren sind die Nieren
die wichtigsten daran beteiligten Organe.

Die Nieren filtern mithilfe spezieller Mikrofilter
beständig gelöste Abfallprodukte
und Wasser aus dem Blut
und scheiden sie als Urin über die Harnblase aus.
Dabei halten sie gleichzeitig das innere Milieu aufrecht,
also das Gleichgewicht von Flüssigkeiten,
Mineralien und Spurenelementen im Körper.

Der Urin enthält oft auch Hormone oder andere Substanzen,
die manchen Tieren zur Kommunikation dienen
und zum Beispiel Paarungsbereitschaft signalisieren können.

Viele Tiere versprühen Urin zur Markierung ihres Reviers.

Die Nieren und ableitende Harnwege

Mehrere Male pro Stunde
durchfließt das gesamte Blutvolumen die Nieren,
um Giftstoffe und harnpflichtige Substanzen
aus dem Blut zu filtern.

Generell bestehen die Nieren aus harnbildenden
und harnableitenden Strukturen:
der Nierenrinde, dem Nierenmark und dem Nierenbecken.
Die außen gelegene Rinde enthält eine Vielzahl
kleiner Knäuel aus Blutgefäßen (Glomeruli),
in denen der Urin aus dem Blut herausfiltriert wird.
Ein nachgeschaltetes Rohrsystem leitet den Urin
in das innen gelegene Nierenmark.
Hier wird der Urin konzentriert
und gelangt schließlich über feine Sammelgefäße
in die Nierenkelche und weiter in das Nierenbecken.
Von hier fließt der Urin über die Harnleiter in die Blase.
Ist die Blase voll,
wird der Urin über die Harnröhre ausgeschieden.

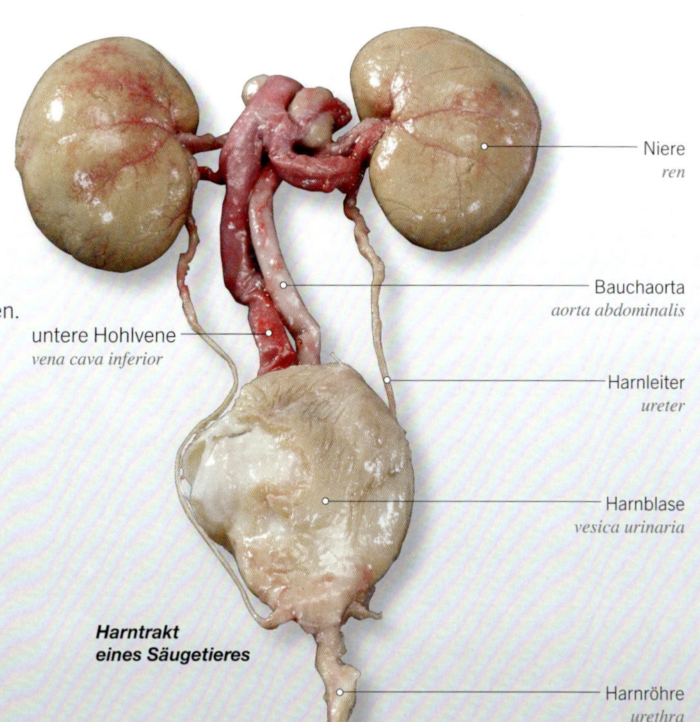

Harntrakt eines Säugetieres

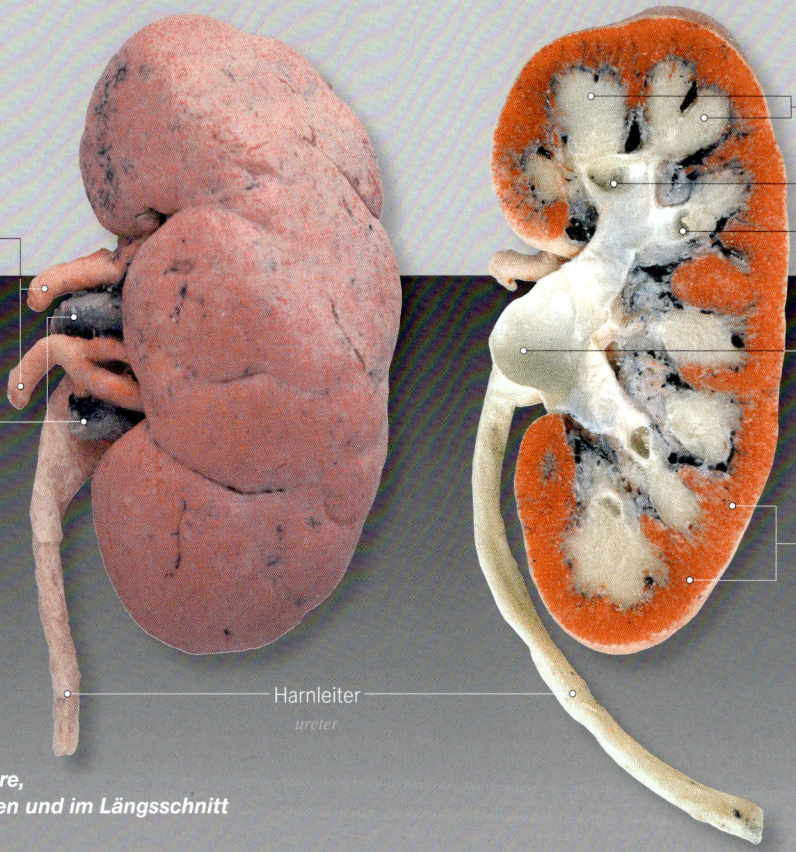

Nierenmark
medulla renalis
Nierenkelche
calices renales
Nierenarterien
arteriae renales
Nierenbecken
pelvis renalis
Nierenvenen
venae renales
Nierenrinde
cortex renalis
Harnleiter
ureter

Menschliche Niere, Ansicht von außen und im Längsschnitt
(Homo sapiens)

Ausscheiden über eine Kloake

Reptilien und Amphibien scheiden den Urin über den After aus. Bei ihnen münden die Harnleiter, wie auch die Ausführungsgänge der Geschlechtsorgane, in einem Abschnitt des Enddarms, der Kloake. Der Urin wird im Enddarm durch Wasserrückresorption eingedickt und ist daher breiartig bis pastös.

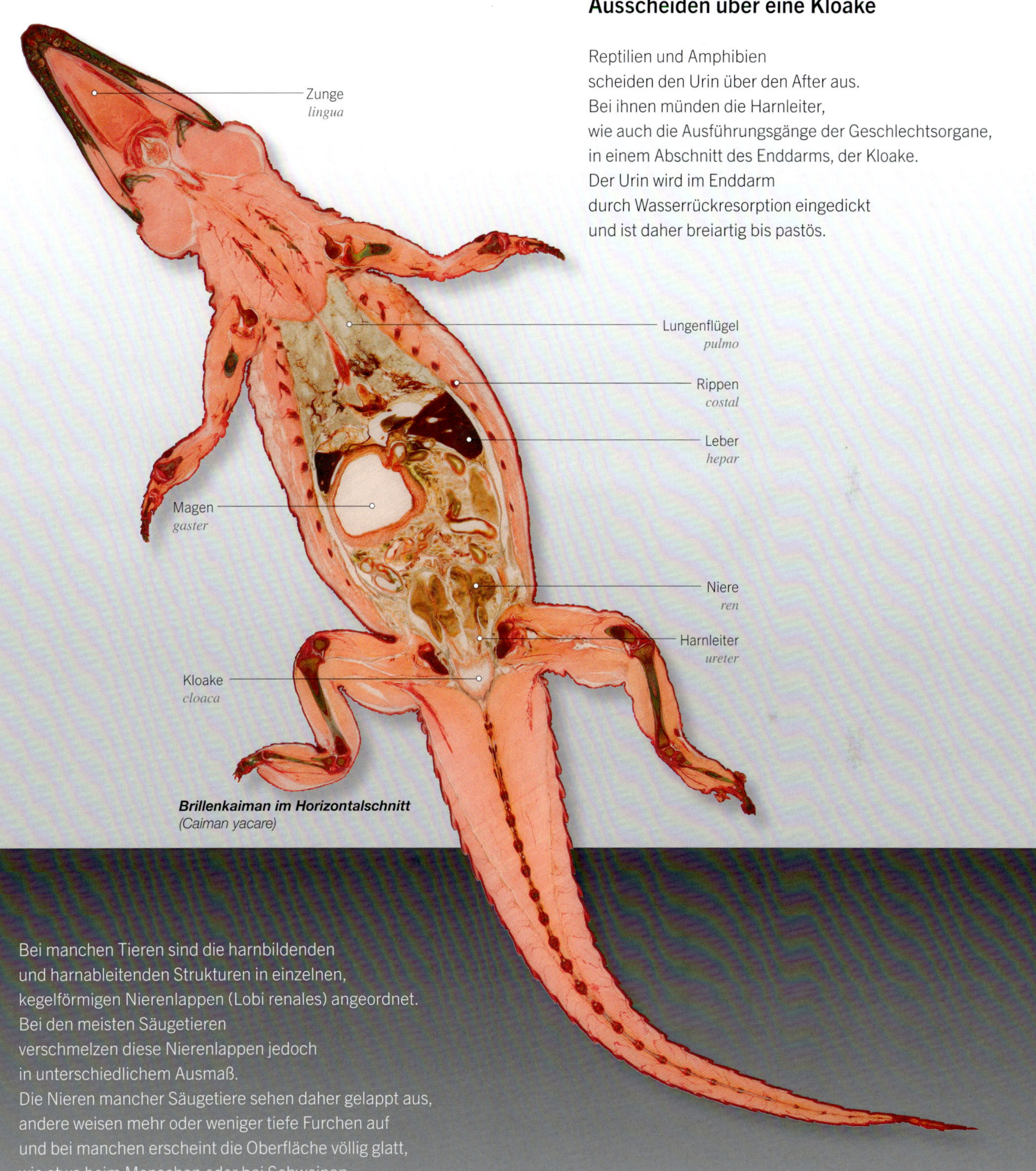

Brillenkaiman im Horizontalschnitt
(Caiman yacare)

Bei manchen Tieren sind die harnbildenden und harnableitenden Strukturen in einzelnen, kegelförmigen Nierenlappen (Lobi renales) angeordnet. Bei den meisten Säugetieren verschmelzen diese Nierenlappen jedoch in unterschiedlichem Ausmaß. Die Nieren mancher Säugetiere sehen daher gelappt aus, andere weisen mehr oder weniger tiefe Furchen auf und bei manchen erscheint die Oberfläche völlig glatt, wie etwa beim Menschen oder bei Schweinen.

Triebfeder des Lebens

Bei Nashörnern beginnt die Paarung mit einem mehrere Tage umfassenden Vorspiel. Ist die Kuh bereit, geht sie rückwärts auf den Bullen zu. Die Paarung selbst dauert etwa eine halbe Stunde.

Fortpflanzung

Fortpflanzung ist ein typisches Merkmal aller Lebewesen.
Neben der Nahrungsaufnahme
gehört sie zu den Haupttätigkeiten,
um die Art zu erhalten.

Im Tierreich haben sich im Laufe der Evolution
unterschiedliche Formen der Fortpflanzung herausgebildet.

Bei Wirbeltieren ist die geschlechtliche – auch sexuelle –
Art der Fortpflanzung die häufigste Form.
Dabei verschmilzt der väterliche Samen
mit einer (oder mehreren) mütterlichen Eizelle(n).
Bei einigen Tieren findet die Befruchtung
außerhalb des Körpers statt,
bei anderen werden die Samenzellen –
meist mithilfe eines speziellen Geschlechtsorgans –
in den Körper des Weibchens transportiert.

Jede befruchtete Eizelle enthält den gesamten Bauplan
des jeweiligen Lebewesens, das Genom.
Es besteht aus mütterlichen und väterlichen Genpaaren,
die auf Chromosomen angeordnet sind.

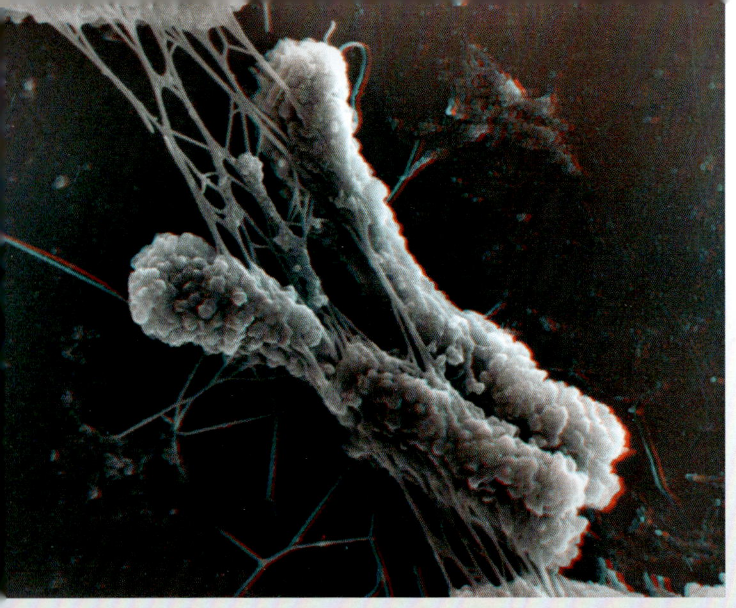

Stereoskopische Aufnahme eines Chromosoms. Chromosomen sind fadenförmige Gebilde im Zellkern, die die Gene, also die Erbinformationen, enthalten.

Genetische Vielfalt

Die Gene bestimmen individuelle Eigenschaften
des entstehenden Individuums
wie etwa die Körpergröße, Farbe des Fells,
Verhaltensweisen,
aber auch die Widerstandsfähigkeit
gegenüber Erregern oder anderen Umwelteinflüssen.

Durch die Vermischung des genetischen Materials
entstehen Nachkommen,
die sich untereinander
und von ihren Eltern unterscheiden.

Diese genetische Vielfalt ermöglicht den Tieren,
sich über Generationen hinweg
an sich verändernde Umweltbedingungen anzupassen.
Dies trägt wesentlich zur Erhaltung ihrer Art bei.

Dickdarm *colon*

Eierstock *ovar*

Eierstock *ovar*

Eileiter *tuba uterina*

Eileiter *tuba uterina*

Gebärmutter (eröffnet) *uterus*

Harnblase *vesica urinaria*

Gebärmutterhöhle *cavum uteri*

Die weiblichen Fortpflanzungsorgane eines Menschen
(Homo sapiens)

Die weiblichen Fortpflanzungsorgane

Die weiblichen Fortpflanzungsorgane der Säugetiere
liegen größtenteils im Körper verborgen:
die beiden Eierstöcke mit den Eileitern,
die Gebärmutter und die Scheide.
Alle Eizellen sind in den Eierstöcken
bereits bei der Geburt angelegt
und reifen dort in tierspezifischen Zyklen heran.

Die herangereiften Eizellen
werden in den Eileiter abgegeben.
Dort findet die Verschmelzung mit dem Samen statt.
Aus jeder befruchteten Eizelle
entwickelt sich ein Keimling (Embryo).

Neues Leben entsteht

Die befruchteten Eizellen wandern in die Gebärmutter, nisten sich in der Gebärmutterschleimhaut ein und entwickeln sich dort bis zur Geburt. Dabei liegen sie geschützt im Mutterleib. Wenn alle Organe entwickelt sind und der Keimling eine bestimmte Größe hat, setzt die Geburt ein. Die Muskulatur der Gebärmutter presst dabei die Jungen über die Scheide nach außen.

Gebärmutterhals
cervix uteri

Enddarm
rectum

Gebärmutter (eröffnet)
uterus

Rentierfötus in der Gebärmutter
(Rangifer tarandus tarandus)

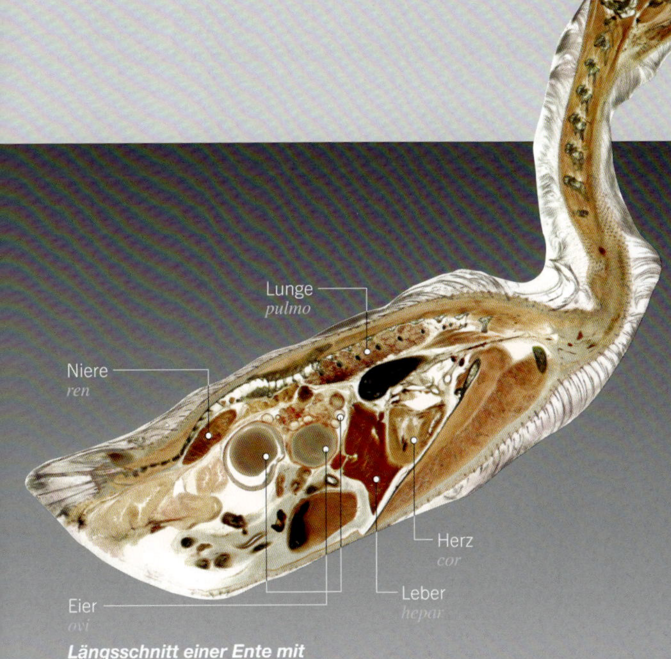

Längsschnitt einer Ente mit heranwachsenden Eiern im Legedarm
(Anserinae)

Gut geschützt im Ei

Bei **Vögeln** reifen die befruchteten Eizellen weitgehend außerhalb der Leibeshöhle in Eiern heran. Die Eier entstehen als winzige Eizellen im Eierstock. Während sie den Legedarm hinabwandern, werden sie von den männlichen Samenzellen befruchtet. Dotterschichten und Eiweiß lagern sich an und Schalenhäute bilden sich aus. Am Ende des Legedarms befindet sich eine Schalendrüse. Diese Drüse sondert auf die Schalenhäute eine kalkhaltige, zähflüssige Masse ab. Diese wird schließlich fest und bildet die Eischale. Ist das Ei fertig, wird es über die Kloake, den gemeinsamen Ausführgang der Geschlechts- und Verdauungsorgane nach außen abgegeben.

Ziegen gebären in der Regel im Winter oder Frühling nach einer Tragzeit von 22 Wochen. Sie produzieren bis zu drei Nachkommen, die man Kitzen nennt.

Die Kitzen wiegen bei der Geburt rund dreieinhalb Kilogramm und werden für etwa drei Monate von der Mutter gesäugt, bevor sie mit dem Grasen beginnen können.

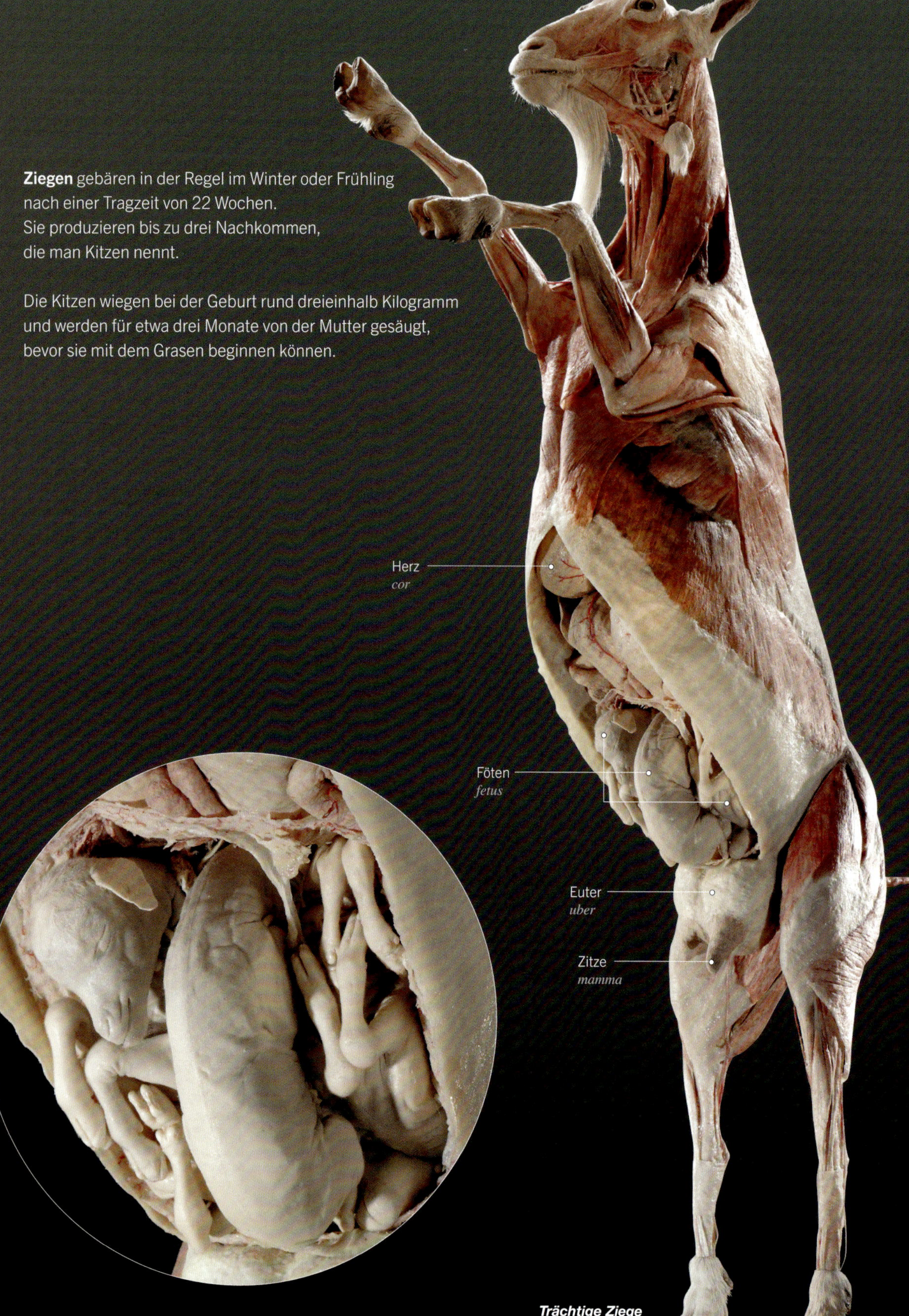

Trächtige Ziege
(Capra aegagrus hircus)

Die männlichen Fortpflanzungsorgane

Bei männlichen Säugetieren zählen Penis und Hodensack (Scrotum) zu den äußeren Fortpflanzungsorganen. Der Hodensack enthält zwei eiförmige Hoden. Sie bilden die männlichen Keimzellen, die Spermien. Die Spermien werden in den Nebenhoden gespeichert – in langen, gewundenen Schläuchen, die den Hoden kapuzenförmig aufsitzen. Zu den inneren Fortpflanzungsorganen gehören die Samenbläschen und die Vorsteherdrüse (Prostata). Beide steuern dem Sperma zum Zeitpunkt des Samenergusses Flüssigkeiten bei, die für die Beweglichkeit der Spermien wichtig sind und sie auf ihrem Weg in Richtung Eizelle ernähren.

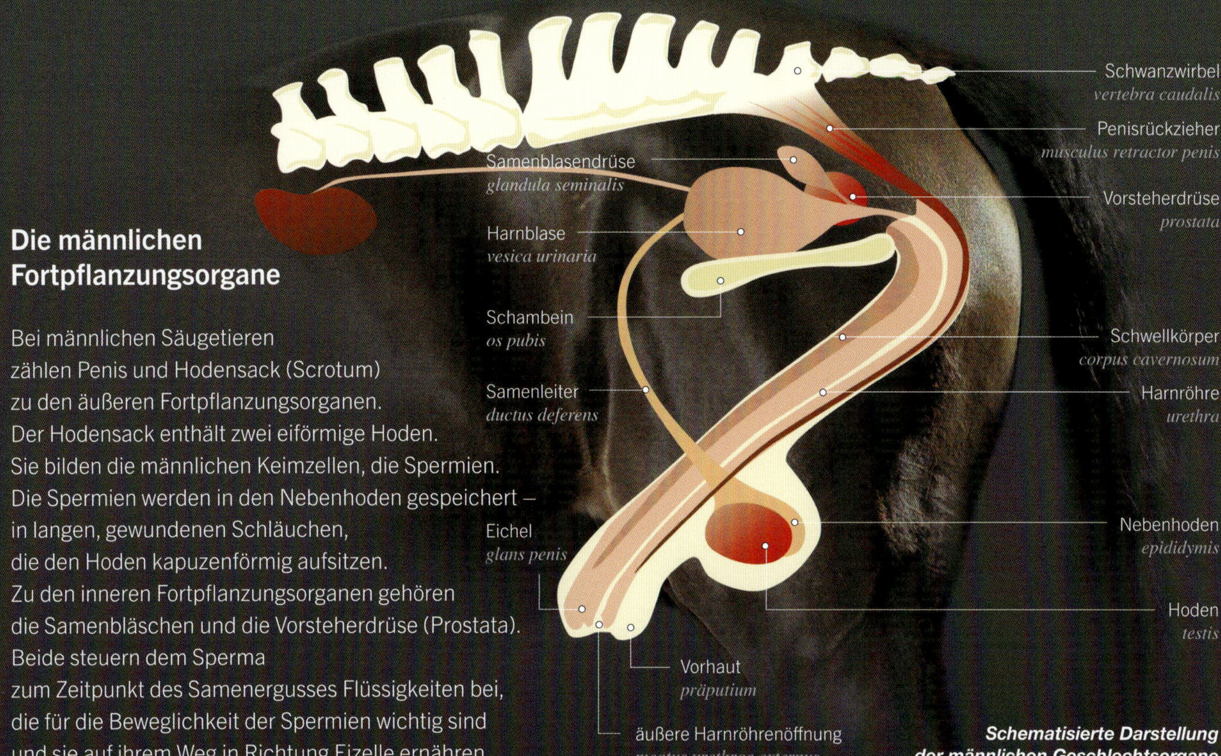

Schematisierte Darstellung der männlichen Geschlechtsorgane beim Pferd

Der Penis eines Säugetieres enthält drei schwammartige Schwellkörper. Bei sexueller Erregung füllen sie sich mit Blut, wodurch der Penis größer und hart wird, es kommt zur Versteifung oder Erektion. Bei manchen Säugetieren findet sich im Glied ein Penisknochen oder eine Knorpelröhre: bei Nagetieren, Fledermäusen, Bartenwalen, bei vielen Beuteltieren, den meisten Raubtieren, Halbaffen und Affen.

Die Hoden enthalten Tausende fein aufgerollte Schläuche, die sogenannten Samenkanälchen, in denen täglich mehrere hundert Millionen Spermien heranreifen. Anders als bei weiblichen Säugetieren befinden sich die Keimdrüsen des Männchens außerhalb des Körpers; für sie wäre es im Bauchraum zu warm.

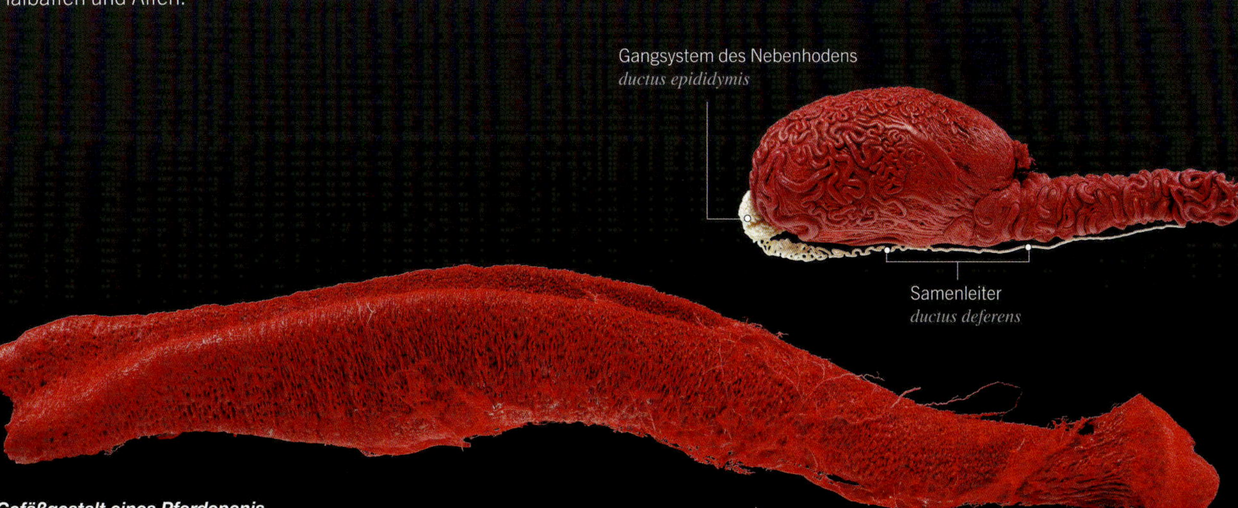

Gefäßgestalt eines Pferdepenis
(Equus ferus caballus)

Ganzkörper PLASTINATE

Der Sinnliche

Haie besiedeln fast alle Bereiche der Weltmeere und mit einigen Ausnahmen auch Flüsse und Seen. Um in so unterschiedlichen Lebensräumen erfolgreich bestehen zu können, haben sie sich ihrer Umwelt perfekt angepasst. Es gibt über 500 unterschiedliche Haiarten, die in Größe und Form zum Teil stark variieren.

Makrelenhai
(Isurus)

Biologisch zählen Haie zusammen mit Rochen und Seekatzen zu den sogenannten Knorpelfischen. Das heißt, ihr Skelett besteht nicht wie bei anderen Fischen aus Knochen, sondern aus Knorpel. Doch gibt es auch noch andere gewaltige Unterschiede:

- Haie haben keine Schwimmblase
- sie haben keine Kiemendeckel, sondern Kiemenspalten
- sie haben keine Schuppen, sondern Hautzähnchen
- sie pflanzen sich durch innere Befruchtung fort und gebären je nach Art nur zwischen 2 und 100 Junge – kein Vergleich zu den Millionen von Eiern der Knochenfische, die in der Regel äußerlich befruchtet werden.

Makrelenhai
(Isurus)

Die Sinne der Haie

Haie verfügen über äußerst feine Sinne:

Sie haben ein Sichtfeld von 320 Grad
und sehen in der Dämmerung besser als Katzen.

Durch ihr feines Gehör können sie ihre Beute
über mehrere Kilometer Entfernung exakt orten.

Ihr außergewöhnlich guter Geruchssinn lässt sie Blut
in 1:10 milliardenfacher Verdünnung wahrnehmen.
Das entspricht etwa einem Tropfen Wein
auf die Wassermenge eines mittelgroßen Schwimmbades.
Bei einigen Haiarten kann das Riechzentrum sogar
bis zu 2/3 der Gehirnmasse ausmachen.

Ein Hai entscheidet nach dem Geschmack der Beute,
ob sie für ihn genießbar ist oder nicht.

Wie fast alle Fische verfügen auch Haie
über empfindliche Sensoren in der Haut,
die Seitenlinienorgane,
über die sie Berührungen, Wasserströmungen
und Temperaturänderungen wahrnehmen können.

REICHWEITEN DER SINNE

- SCHMECKEN/BERÜHREN
  Kontakt
- ELEKTRISCHE FELDER
  mehrere Zentimeter
- DRUCK
  Seitenlinienorgan (einige Meter)
- SEHEN
  10 bis 100 Meter
- RIECHEN
  100 Meter und mehr
- HÖREN
  mehrere Kilometer

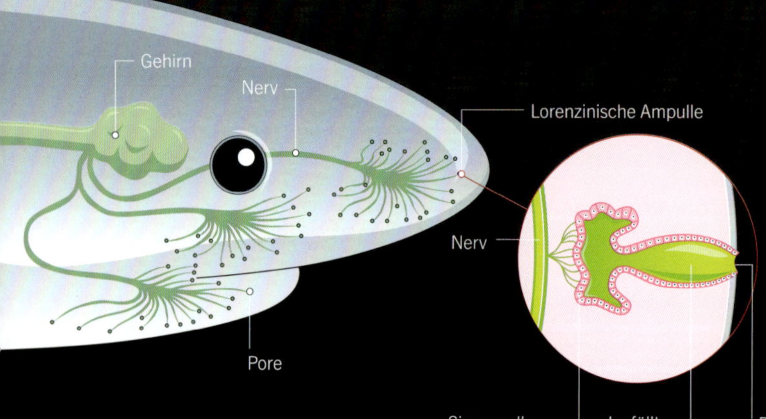

Das erstaunlichste Sinnesorgan der Haie jedoch
sind die „Lorenzinischen Ampullen".
Mit diesen Rezeptoren können Haie
selbst schwächste elektrische Felder wahrnehmen
und so beispielsweise andere Lebewesen
anhand ihrer Herzschläge, Muskelbewegungen
oder Hirnströme aufspüren.
Zudem können Haie das Magnetfeld der Erde
zum Navigieren nutzen.

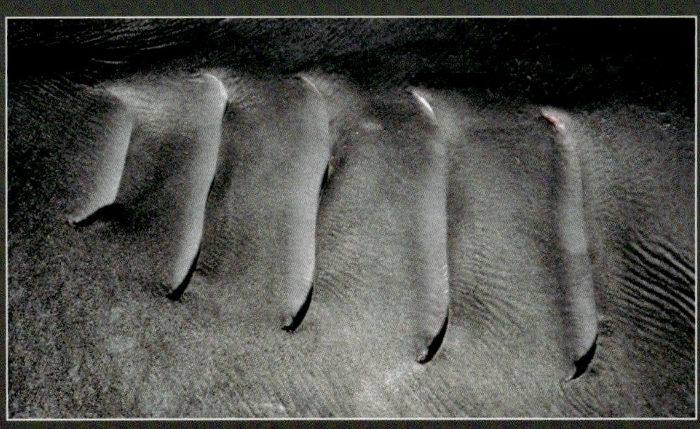

Kiemen

Kiemenatmung

Die meisten Haiarten können nur atmen, wenn sie schwimmen. Denn ihre Kiemenspalten sind nicht mit Kiemenplatten versehen, die bei anderen Fischen die Aufnahme von Atemwasser unterstützen. Der Hai muss vielmehr durch ständige Bewegung für eine Umspülung der Kiemen sorgen, um genügend Sauerstoff aus dem Wasser filtern zu können. Das Wasser fließt durch das Maul in die Kiemen und über die Kiemenspalten wieder hinaus.

Lorenzinische Ampulle

Makrelenhai
(Isurus)

Der mit dem Image problem

Der Weiße Hai
ist die am meisten geschützte Haifischart der Welt –
und ist trotzdem stark gefährdet.
Weltweit gibt es schätzungsweise nur noch 3.000
bis 5.000 Exemplare.

Er gehört zu den größten Raubtieren der Meere
und ist als perfekter Räuber Endglied vieler Nahrungsketten.
Dabei erfüllt er eine wichtige Funktion
für das ökologische Gleichgewicht der Meere.

Um seinen hohen Energiebedarf zu decken,
bevorzugt ein ausgewachsener Weißer Hai fettreiche Nahrung
wie Seehunde, Robben und Seelöwen bis hin zu kleinen Walen.

Sein riesiges Maul hat bis zu 300 scharfe, dreieckige
Zähne, die in mehreren Reihen angeordnet sind.
Fällt ein Zahn heraus, wird er einfach durch einen anderen
aus der dahinter liegenden Reihe ersetzt.

Gefahr für den Menschen?

Horrorfilme wie *Der Weiße Hai* haben ein Bild einer Killermaschine in unseren Köpfen eingebrannt. Der Weiße Hai gilt seither als besonders gefährlich, hinterhältig und übermächtig.

Menschen stehen nicht auf seiner Speisekarte. Dennoch kommt es ab und zu vor, dass Surfer, die auf ihren Brettern über das Meer paddeln, von Haien angegriffen werden. Das liegt daran, dass ihre Gestalt anderen Beutetieren zum Verwechseln ähnlich sieht. Zudem klingen die Paddelbewegungen des Surfers wie die eines verletzten Tieres.

Weißer Hai
(Carcharodon carcharias)

Der Tausendsassa

Kraken gehören zu den Kopffüßern
und zählen damit zu den ältesten Lebewesen der Erde.
Man unterscheidet etwa 200 verschiedene Arten.
Manche sind nur wenige Zentimeter groß,
andere haben mehr als zwei Meter lange Fangarme.

Kraken leben im Mittelmeer,
im Atlantik von Afrika bis Norwegen
und in der Nordsee.
Sie halten sich meist
am Meeresboden bis in 200 Metern Tiefe
und an Felsküsten auf.

Kraken haben einen sackförmigen Körper,
zwei große Augen und acht lange Arme.
Der Anzahl ihrer Arme verdanken sie
auch ihren wissenschaftlichen Namen: Octopus.

Kraken besitzen keinerlei inneres Skelett.
Dennoch sind sie äußerst robust und sehr flexibel
und können sich selbst durch engste Öffnungen zwängen.

Da sie, wie die übrigen Kopffüßer, mit Kiemen atmen,
können Kraken nicht dauerhaft an Land überleben.
Für eine begrenzte Zeit sind Kraken jedoch imstande,
das Wasser zu verlassen und auch an Land herumzuwandern.

Besonders bekannt sind die Kraken
für ihr hochentwickeltes Nervensystem.
Sie sind sehr intelligent und lernfähig.
Sie können sich z.B. Farben und Formen merken,
Wege aus komplexen Labyrinthen finden
oder verschlossene Gläser öffnen – Fähigkeiten,
die man normalerweise nur einem Säugetier zutraut.

Dank ihrer guten Sehfähigkeiten
können sie sich in Sekundenschnelle anpassen
an Farbe, Helligkeit und Textur ihrer Umgebung.
Diese Fähigkeit nutzen sie zur Tarnung,
aber auch zur Verständigung mit Artgenossen.

Die Arme und mit ihnen die Saugnäpfe
sind besonders stark mit Nerven durchzogen.
Kraken haben auch einen „Lieblingsarm“,
den sie häufiger benutzen
als die anderen Arme.

Krake
(Octopus vulgaris)

Der länglich-ovale Mantel umhüllt alle inneren Organe. Daran schließen sich der Kopf mit den großen Augen und die langen Fangarme an. Auf der Unterseite befindet sich in der Tiefe die Mundöffnung.

Fische
die keine sind

Kalmar
(Architheuthis dux)

Kalmare besitzen – wie Kraken – Fangarme am Kopf, mit denen sie Beute ergreifen können. Deshalb nennt man sie auch Kopffüßer.

Im alltäglichen Sprachgebrauch werden diese Tiere oft als Tintenfische bezeichnet, obwohl sie ebenso wenig Fische sind, wie ein Wal. Viele von ihnen haben auch gar keine Tinte.

Der gemeine Kalmar des Nordatlantiks wird zwischen 30 und 45 Zentimeter lang, Riesenkalmare erreichen Längen bis zu 18 Meter und sind damit die größten im Wasser lebenden wirbellosen Organismen.
Sie kommen in Tiefen zwischen 300 und 600 Metern vor und werden von Pottwalen gejagt.

Kalmar
(Architheuthis dux)

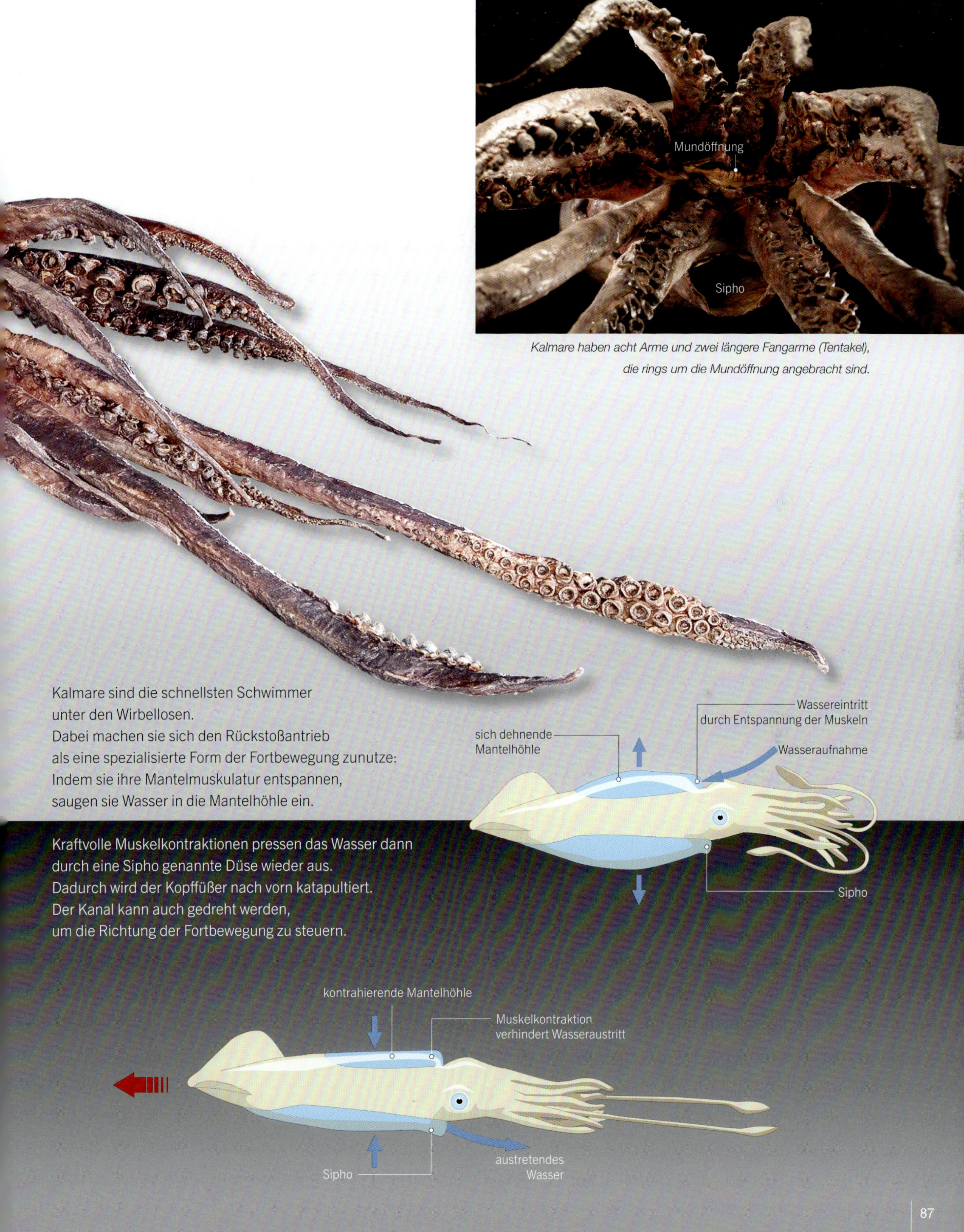

Kalmare haben acht Arme und zwei längere Fangarme (Tentakel), die rings um die Mundöffnung angebracht sind.

Kalmare sind die schnellsten Schwimmer unter den Wirbellosen. Dabei machen sie sich den Rückstoßantrieb als eine spezialisierte Form der Fortbewegung zunutze: Indem sie ihre Mantelmuskulatur entspannen, saugen sie Wasser in die Mantelhöhle ein.

Kraftvolle Muskelkontraktionen pressen das Wasser dann durch eine Sipho genannte Düse wieder aus. Dadurch wird der Kopffüßer nach vorn katapultiert. Der Kanal kann auch gedreht werden, um die Richtung der Fortbewegung zu steuern.

Mit Tinte aus dem Staub machen

Ebenso wie die Kalmare gehören **Sepien**, die Tintenfische, zu den zehnarmigen Kopffüßern. Ihre Fangarme sind meist relativ kurz. Die beiden längeren Tentakel sind in der Ruhestellung meist zwischen den restlichen Armen versteckt.

Ihr Mantel ist in der Regel stumpfer und weniger keilförmig als der der Kalmare. Einen anderen Unterschied stellt ihr Innenskelett dar: Sie besitzen einen flachen Schwimmkörper aus Kalk, den Rücken- oder Kalkschulp. Er enthält eine Vielzahl von gasgefüllten Kammern, die dem Tier Auftrieb geben.

Sepien bewegen sich vor allem mithilfe ihres Flossensaums fort, der als Band um den Körper verläuft und mit wellenartigen Bewegungen für den Vortrieb sorgt. Entsprechend erreichen sie nicht so hohe Geschwindigkeiten wie die Kalmare.

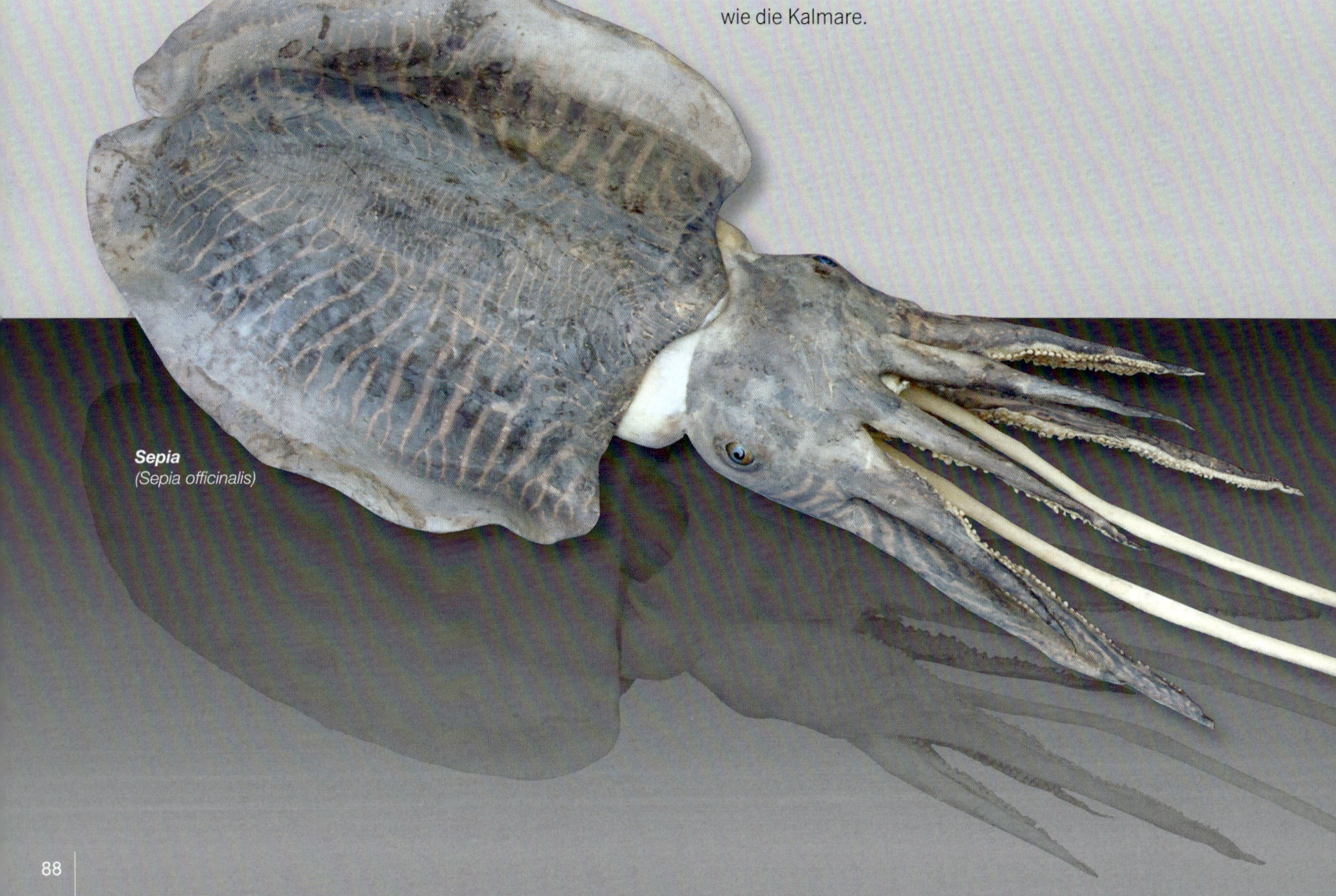

Sepia
(Sepia officinalis)

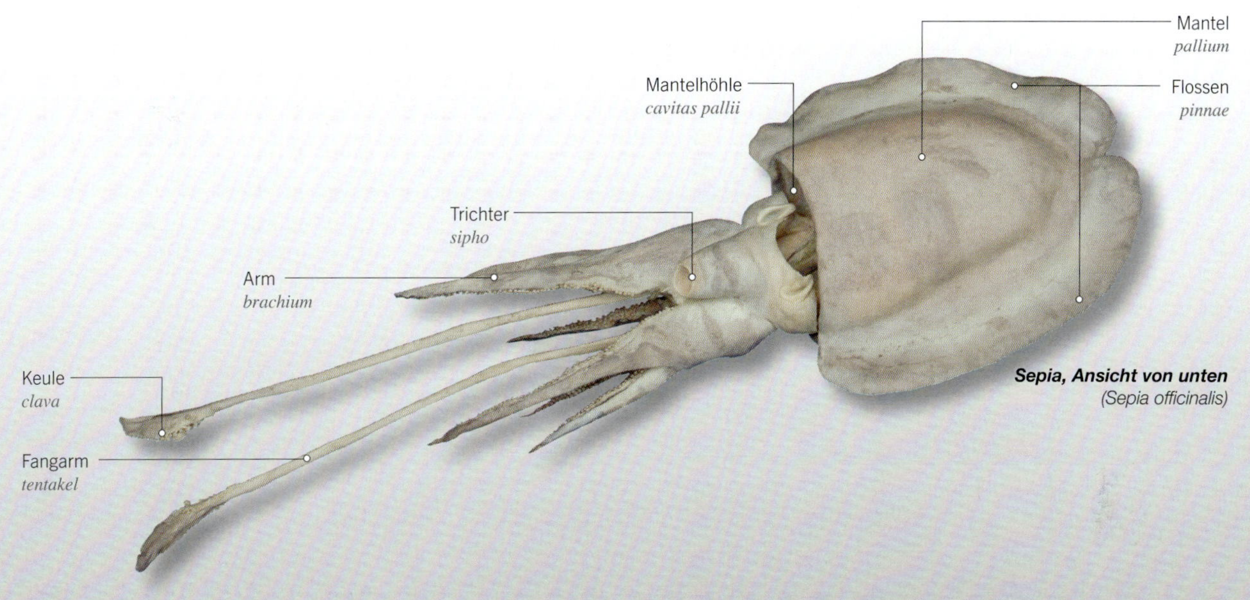

Sepia, Ansicht von unten
(Sepia officinalis)

Die meisten Sepien sind zu Farbwechseln fähig und können sich blitzschnell eingraben. So können sie sich sehr gut tarnen und brauchen nicht weit vor Feinden zu fliehen.

Ebenfalls der Tarnung dient der Tintenbeutel, der eine dunkle Flüssigkeit aus konzentriertem Melanin enthält. Eine Wolke Tinte vernebelt dem Angreifer die Sicht und wohl auch den Geruchssinn, während die Sepia sich rückwärts aus dem Geschehen zurückziehen kann.

Kaltblütiger Jäger

Krokodile sind wechselwarme Tiere – sie passen ihre Körpertemperatur der Umgebung an, anstatt sie auf einem konstanten Niveau zu halten. Sie haben eine Lunge und ein Zwerchfell, ähnlich wie Säugetiere. Da ihre Lungen groß sind, können sie bis zu zwei Stunden tauchen.

In der Tier-Ordnung der Krokodile gibt es rund 25 Arten, die in drei Familien eingeteilt werden: echte Krokodile, Alligatoren und Gaviale. Kaimane gehören zur Familie der Alligatoren.

Der Schwanz der Krokodile ist unglaublich muskulös und stark. Er macht sie zu guten Schwimmern und versetzt sie in die Lage, plötzlich aus dem Wasser zu schnellen, um Beute zu erfassen. Auch die Beinmuskeln der Krokodile sind sehr kräftig; sie können an Land in kurzen Spurts schneller laufen als Menschen.

Längsschnitt eines jungen Brillenkaiman
(Caiman yacare)

Leistenkrokodil
(Crocodylus porosus)

Die mit dem Schafspelz

Schafe gelten als die ältesten Nutztiere des Menschen.
Sie wurden wahrscheinlich bereits um 9000 vor Christus
aus verschiedenen Unterarten des Wildschafes domestiziert.
Sie sind robust und genügsam;
das macht sie anpassungsfähig in Bezug auf
klimatische Bedingungen und Nahrungsangebot,
was sicherlich zur weltweiten Verbreitung dieser Nutztiere
beigetragen hat.

Schaf
(Ovis aries)

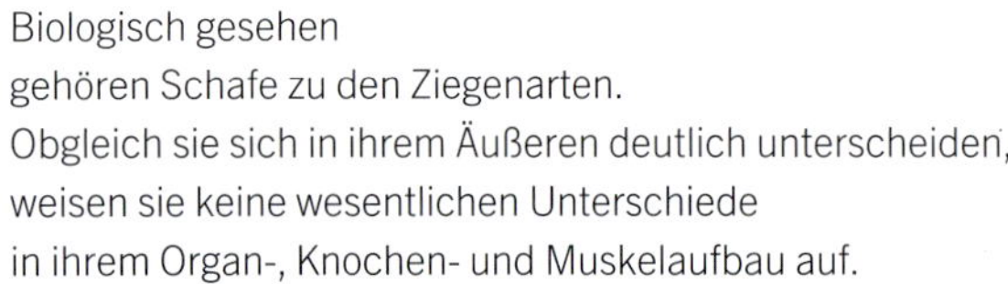

Biologisch gesehen
gehören Schafe zu den Ziegenarten.
Obgleich sie sich in ihrem Äußeren deutlich unterscheiden,
weisen sie keine wesentlichen Unterschiede
in ihrem Organ-, Knochen- und Muskelaufbau auf.

Das wichtigste anatomische Unterscheidungsmerkmal
zwischen Schaf und Ziege
ist die Beschaffenheit des Schwanzes.
Während das Schaf den Schwanz höchstens waagerecht
oder wenig höher halten kann,
hat die Ziege einen dritten Muskel oberhalb des Schwanzes,
der es ermöglicht, den Schwanz senkrecht aufzustellen.

Bei vielen Schafarten
tragen Männchen wie Weibchen Hörner.
Sie können schneckenförmig gekrümmt,
lang und spiralig gewunden
oder kurz und nur leicht gebogen sein.

Schaf
(Ovis aries)

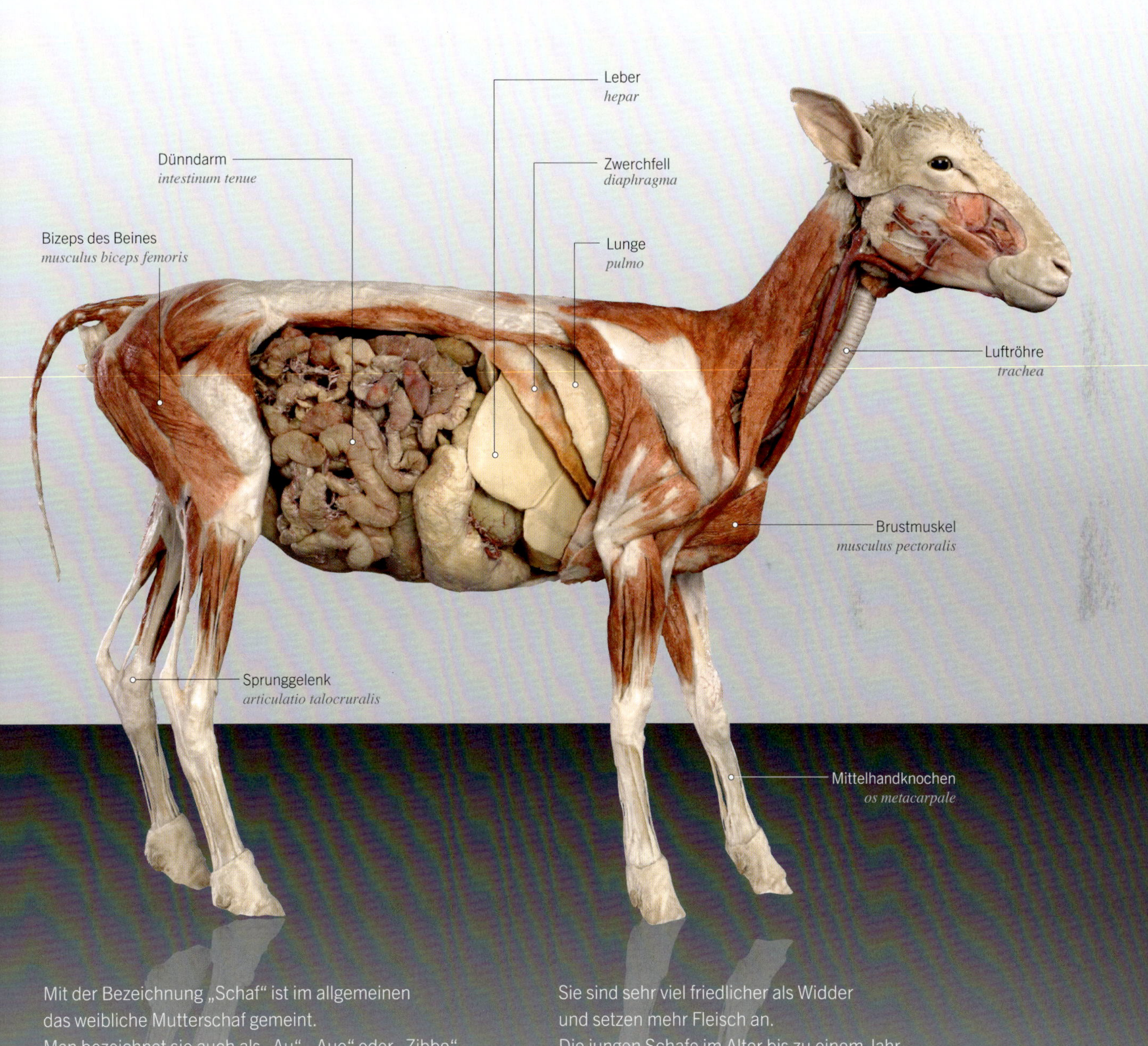

Mit der Bezeichnung „Schaf" ist im allgemeinen das weibliche Mutterschaf gemeint. Man bezeichnet sie auch als „Au", „Aue" oder „Zibbe". Die Männchen heißen Böcke oder Widder und sind sehr viel größer und stärker als die weiblichen Schafe. Kastrierte, also unfruchtbar gemachte Männchen, nennt man Hammel.

Sie sind sehr viel friedlicher als Widder und setzen mehr Fleisch an. Die jungen Schafe im Alter bis zu einem Jahr werden Lämmer genannt.

Die Kletterkünstler

Ziegenbock
(Capra aegagrus hircus)

Ziegen gehören neben den Schafen
zu den ältesten Haustieren des Menschen.
Sie werden bis zu 1 Meter groß
und leben etwa 8–15 Jahre.

Ziegen sind Paarhufer mit dünnen, kurzen Beinen,
kurzem Fell und Schwanz
und Hörnern in unterschiedlicher Größe und Form.
Sowohl Männchen als auch Weibchen
haben einen charakteristischen Bart.

Die Vorderbeine der Ziege
haben keine Gelenkverbindung zum Brustkorb, sondern sind nur mit Muskeln und Sehnen fixiert. Durch ihr gutes Koordinationsvermögen können sich Ziegen sehr balanciert auf unebenem und steinigem Gelände bewegen.

Ziegen sind Wiederkäuer.
So wie andere Wiederkäuer haben auch Ziegen keine Schneidezähne im Oberkiefer.
Sie zerkleinern ihr Futter mit den Vorbacken- und Backenzähnen zusammen mit der Zunge und dem harten Gaumen.

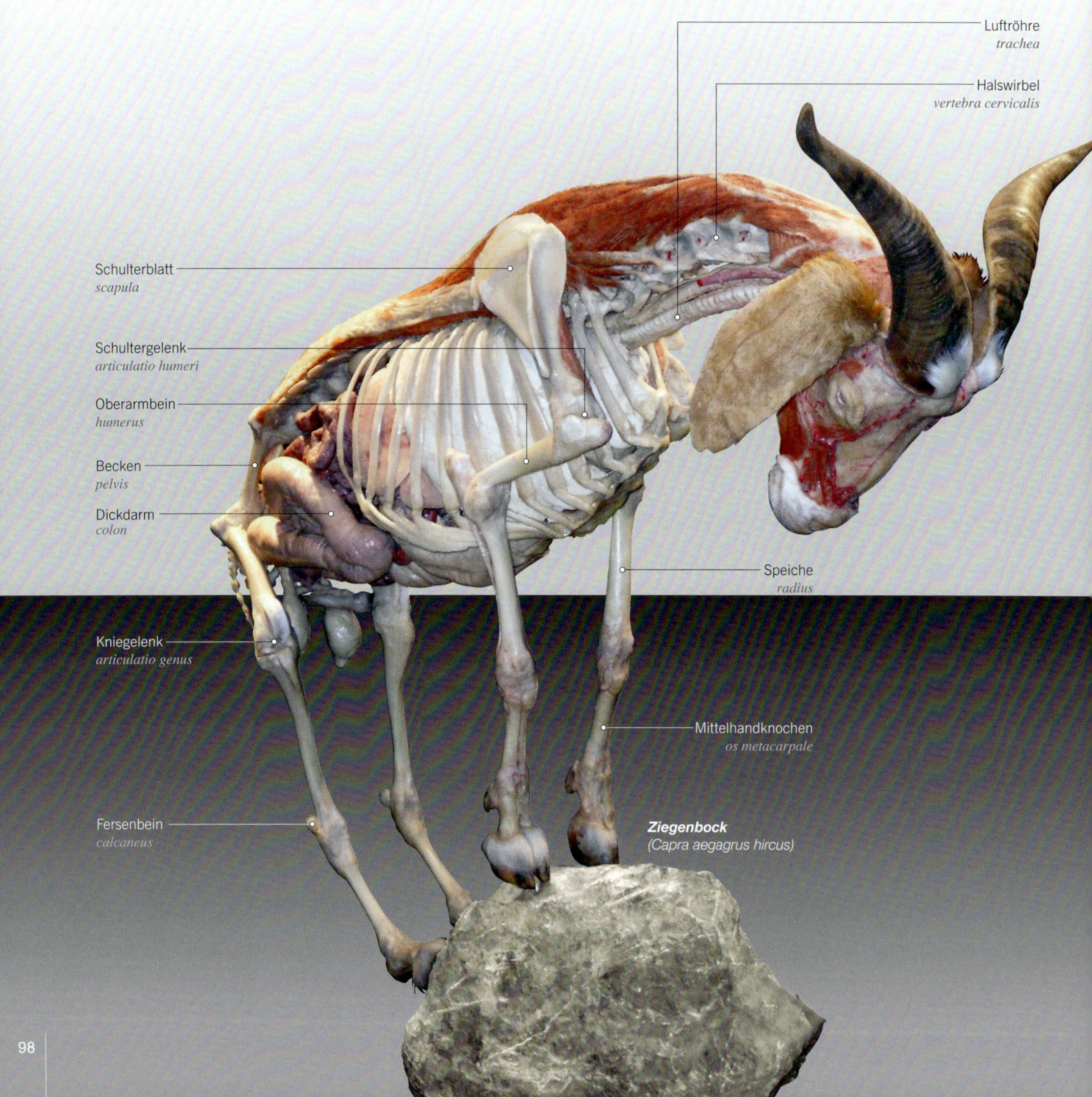

Ziegenbock
(Capra aegagrus hircus)

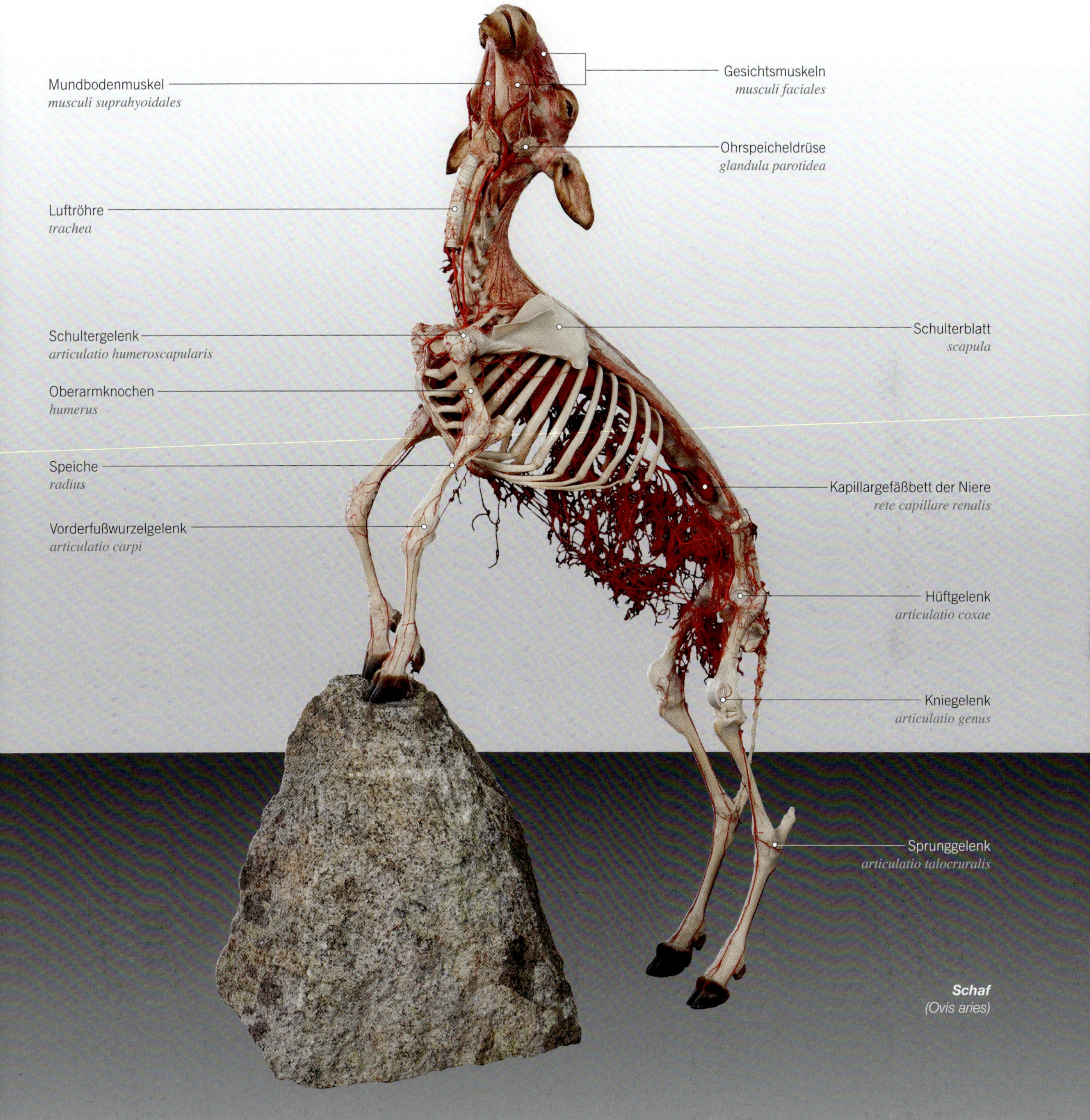

Schaf
(Ovis aries)

Versammelt im Galopp

Pferde sind ursprünglich reine Steppentiere.
Sie sind perfekt an das Leben in der Steppe angepasst
und schnelle Lauf- und Fluchttiere.

Heute gibt eine Vielzahl von Pferderassen,
die vom Menschen gezüchtet wurden.
Aufgrund ihres unterschiedlichen Temperaments
werden sie in vier Gruppen eingeteilt.
Ein fünfter Typ sind die Ponys.

Kaltblüter sind schwere, kräftige Arbeitspferde
mit einem mächtigen Kopf und einem starken Nacken.
Sie wiegen bis zu 800 Kilogramm.

Zu den am weitesten verbreiteten Warmblütern
zählen Hannoveraner und Trakehner Pferde.
Sie sind leichter und agiler als Kaltblüter.

Vollblüter haben einen relativ langen Körper
mit einem schmalen Kopf
und sind sehr temperamentvoll.

Die sogenannten Halbblüter werden
aus Vollblütern und ruhigeren Rassen gekreuzt
und deshalb oft im Reitsport eingesetzt.

Pferde haben einen charakteristischen langgestreckten Kopf. Ihre Augen sind groß und liegen seitlich, weshalb sie bis auf einen toten Winkel direkt vor ihrem Kopf und direkt hinter sich einen kompletten Rundumblick haben. Etwa zwei Meter direkt vor dem Kopf sehen Pferde nichts, da ihnen dort die eigene Stirn quasi im Weg ist.

Pferde hören etwa 200 Mal besser als Menschen. Ihre trichterförmigen Ohren sind unabhängig voneinander um 180 Grad drehbar. Dadurch können sie sehr genau orten, aus welcher Richtung ein Geräusch kommt. Haare schützen die Ohren vor Fliegen, Staub und Nässe. Angelegte Ohren sind ein Signal dafür, dass sich das Pferd unwohl oder bedroht fühlt.

Pferde haben auch einen feinen Geruchssinn. Die lange Nase bietet viel Platz für die Riechschleimhaut. Damit können sie Gerüche auch aus großer Entfernung wahrnehmen und z.B. Wasser, Futter, aber auch mögliche Feinde erkennen.

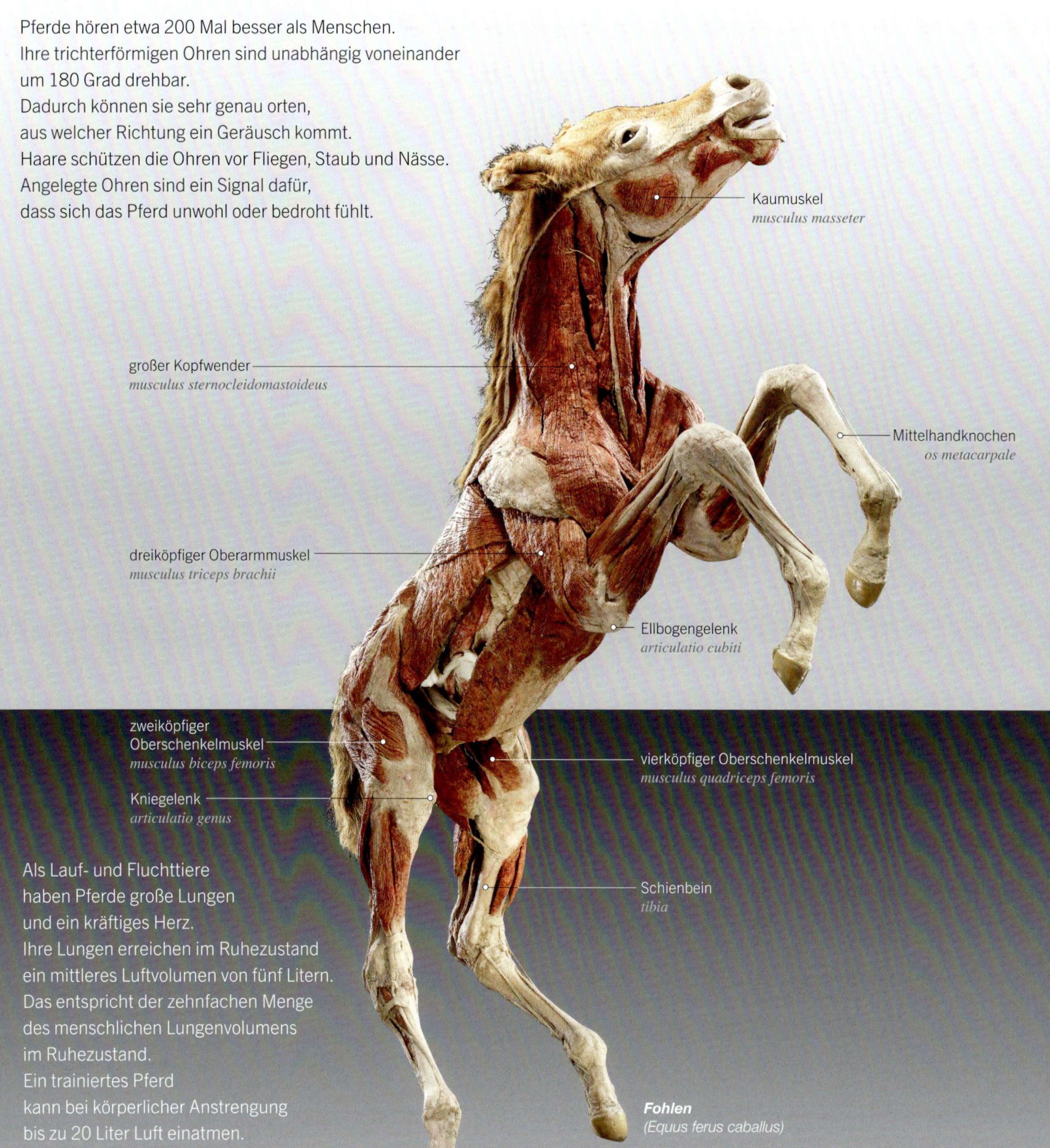

Fohlen
(Equus ferus caballus)

Als Lauf- und Fluchttiere haben Pferde große Lungen und ein kräftiges Herz. Ihre Lungen erreichen im Ruhezustand ein mittleres Luftvolumen von fünf Litern. Das entspricht der zehnfachen Menge des menschlichen Lungenvolumens im Ruhezustand. Ein trainiertes Pferd kann bei körperlicher Anstrengung bis zu 20 Liter Luft einatmen.

Wie bei allen schnellen Läufern sind beim Pferd
die Oberarm- und Oberschenkelknochen relativ kurz,
so dass die Ellbogen- und Kniegelenke
dicht am Rumpf liegen.
Die anderen Arm- und Beinknochen sind dagegen
verhältnismäßig lang,
vor allem die der Hände und Füße.

Laufen tun Pferde gewissermaßen auf Zehenspitzen.
Die Zehen sind jeweils
bis auf die Mittelzehe zurückgebildet
und enden in einem das Zehenglied umschließenden Huf.
Man nennt sie deshalb auch Einhufer.
Der Huf besteht aus Horn
und entspricht anatomisch dem Fingernagel des Menschen.

Pferde können im Stehen schlafen,
da sie ihre Gelenke „feststellen" können,
das heißt die Muskeln werden nicht beansprucht
und können ausruhen.
Allerdings fallen sie in dieser Position nicht in den Tiefschlaf.
Dazu müssen sie sich dann doch hinlegen.

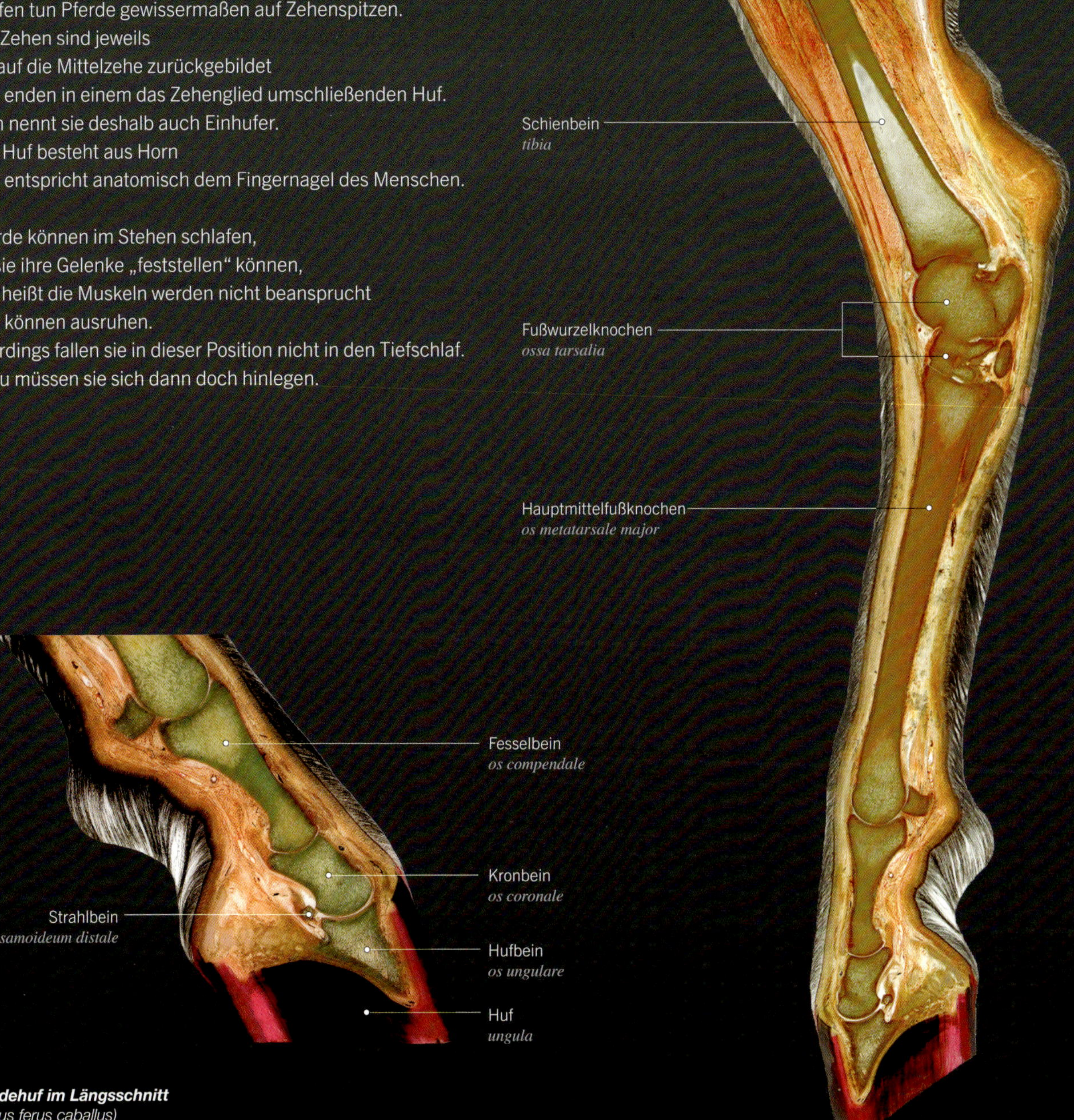

Pferdehuf im Längsschnitt
(Equus ferus caballus)

Hinterfuß eines Pferdes im Längsschnitt
(Equus ferus caballus)

Des Menschen bester Freund

Hund
(Canis lupus familiaris)

Die Anatomie des **Hundes**
entspricht in ihren Grundzügen der des Menschen. Details und Proportionen variieren jedoch von Rasse zu Rasse – mehr als bei allen anderen Tierarten, ob wild oder domestiziert.

Züchtungen haben das Aussehen vieler Hunderassen verändert, doch alle Hunde haben die Basiseigenschaften ihrer Vorfahren.
Wie die meisten Raubtiere verfügen sie über starke Muskeln und ein Herz-Kreislauf-System, das sowohl Sprints als auch Ausdauer unterstützt sowie Zähne zum Fangen, Halten und Reißen von Beute.

Hunde haben Schulterknochen (ohne Schlüsselbein wie der Mensch), die eine große Schrittlänge beim Laufen und Springen ermöglichen.
Sie gehen auf vier Zehen, vorne und hinten, und haben Restafterkrallen an den Vorder- und Hinterbeinen.
Ihre Hinterbeine sind ziemlich steif und robust, die Vorderbeine dagegen locker und flexibel und nur mit Muskeln am Oberkörper befestigt.

Die Dornfortsätze der Wirbelsäule sind zwischen dem 2. Hals und dem 1. Brustwirbel durch ein Band miteinander verbunden, welches das Gewicht des Kopfes ohne aktive Muskelanstrengung hält.
Dadurch können Hunde über längere Zeit den Kopf in Position halten, z.B. beim Verfolgen von Duftspuren mit Nase auf dem Boden, ohne dafür viel Energie aufwenden zu müssen.

Hund
(Canis lupus familiaris)

Die Rastlosen

Rentiere gehören zur Familie der Hirsche.
Sie zählen zu den am weitesten nördlich
lebenden Großsäugern
und sind beheimatet in den arktischen Regionen
Kanadas, Alaskas, Sibiriens und Skandinaviens.
Um dem arktischen Winter zu entgehen,
unternehmen die Rentierherden große Wanderungen,
manche bis zu 5.000 Kilometer weit.

Sowohl Männchen als auch Weibchen tragen Geweihe,
die sie regelmäßig abwerfen und die sich wieder erneuern.

Rentier
(Rangifer tarandus tarandus)

Rentier
(Rangifer tarandus tarandus)

Rentiere sind Wiederkäuer
und ernähren sich ausschließlich pflanzlich.

Wie bei allen schnellen Läufern
sind die Beine der Rentiere vergleichsweise lang.
Dies erlaubt ihnen große Schritte und
hohe Geschwindigkeiten.
Die Muskeln zur Bewegung der Beine
befinden sich wie bei allen Schnellläufern in Rumpfnähe.
Das verringert das Gewicht am Ende des Beines.

Rentiere sind sogenannte Paarhufer.
Das heißt,
jeder Fuß tritt mit zwei gleich stark entwickelten Zehen auf.
Diese beiden Zehen sind die ursprünglichen 3. und 4. Zehen der Füße.
Die erste Zehe fehlt völlig,
die zweite und fünfte Zehe sind stark verkleinert und berühren als sogenannte Afterklauen den Boden nicht mehr.

Die Hufen des Rentiers passen sich der Jahreszeit an:
Im Sommer, wenn der Boden feucht und weich ist, werden sie schwammartig und elastisch.
Im Winter schrumpfen und verdichten sie sich, so dass die Hufen scharfe Kanten bekommen.
Die kantigen Hufen bewahren die Tiere vor dem Einsinken auf Schnee und Eis.

Männliche Rentiere haben vor dem Kehlkopf einen aufblasbaren Luftsack, der ihnen das Ausstoßen eines rasselnden Keuchtons ermöglicht.
Damit können sie ihre Stimme modulieren.
Mit aufgeblähtem Hals und charakteristischem Knatterton handeln die Männchen untereinander ihre Rangfolge aus und werben in der Brunftzeit um die Weibchen.

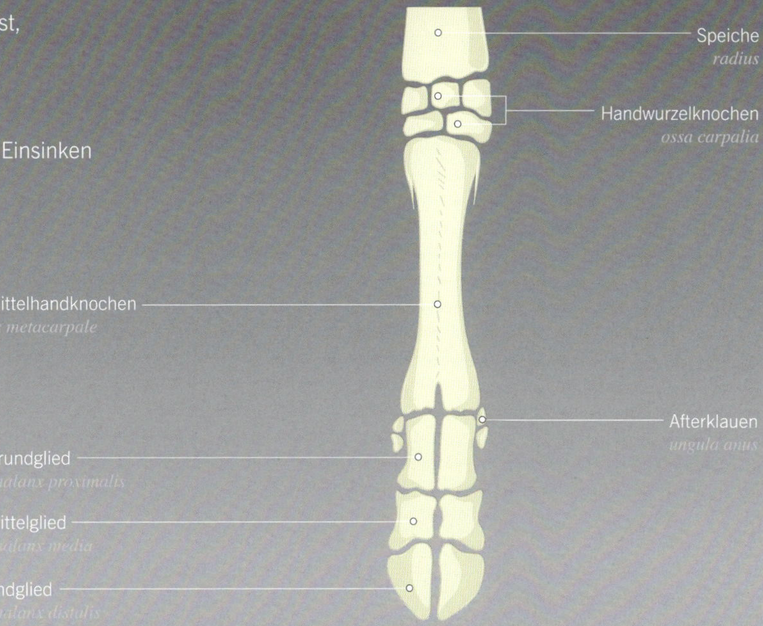

Gebaut für Geschwindigkeit

Oryx Antilope
(Oryx beisa)

Oryxantilopen haben lange, spießartige Hörner, von denen sie auch ihren Namen haben. Denn "Ορυχ ist Griechisch und heißt „spitzes Werkzeug".
Die Hörner der männlichen Tiere sind oft etwas kürzer und kräftiger als die der weiblichen.

Beheimatet sind Oryxantilopen in den trockenen und halbtrockenen Gebieten Afrikas und auf der Arabischen Halbinsel.

Der Körper der Antilope ist mit langen Beinen ausgestattet, die lange Schritte und eine hohe Geschwindigkeit ermöglichen. Die Muskeln, die die Gliedmaßen bewegen, liegen nah am Rumpf im Schulter- oder Hüftbereich. Dies reduziert das Gewicht der Schenkel zu ihrem Ende hin und erleichtert die Bewegung bei hohen Geschwindigkeiten. Dies hilft der Antilope, zu beschleunigen und ein schnelles Tempo über lange Strecken aufrechtzuerhalten, um Raubtieren wie Löwen zu entkommen.

Nach einer Tragzeit von etwa 270 Tagen bringt das Weibchen pro Wurf ein Jungtier zur Welt. Dafür verlässt sie meist die Herde und verbleibt mit dem Nachwuchs für etwa 6 Wochen in einem Versteck, um es vor Fressfeinden zu schützen.

Das Kalb kann bereits kurz nach seiner Geburt stehen und wiegt zwischen 10 und 15 Kilogramm. Nach etwa fünf Monaten ist es selbständig.

Oryx-Kalb
(Oryx beisa)

Dickes Fell und dünne Luft

Yak
(Bos grunniens)

Yaks gehören zur Art der Rinder.
Sie leben in hochgelegenen Felsensteppen in Asien.
Dort erreichen sie eine Größe von bis zu 3 Metern und ein Gewicht von 1.000 Kilogramm.
Domestizierte Yaks sind deutlich kleiner.

Verglichen mit einem Hausrind ist der Körper des Yaks relativ lang.
Anders als das Hausrind, das 13 Rippenpaare hat, hat ein Yak 14 oder 15 Rippenpaare.
Der Brustkorb ist dadurch breit und tief, was der stark entwickelten Lunge und dem Herz ausreichend Raum verschafft.
Der Herz-Kreislauf und die Lunge sind dem Klima in großen Höhen gut angepasst.

Bei diesem Exponat wurde die Leibeswand eröffnet
und zu beiden Seiten nach oben geklappt.
Dadurch entsteht der Eindruck, dass das Tier Flügel hätte.
Die Kopfmuskulatur wurde vom Schädel abgelöst
und separat dargestellt.

Yak
(Bos grunniens)

Bärenstark

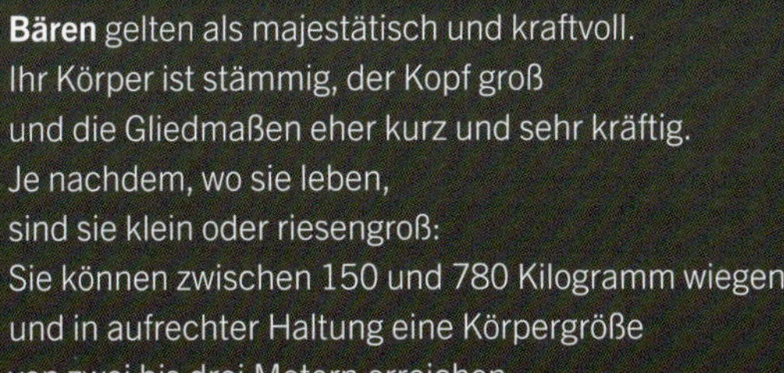

Bären gelten als majestätisch und kraftvoll. Ihr Körper ist stämmig, der Kopf groß und die Gliedmaßen eher kurz und sehr kräftig. Je nachdem, wo sie leben, sind sie klein oder riesengroß: Sie können zwischen 150 und 780 Kilogramm wiegen und in aufrechter Haltung eine Körpergröße von zwei bis drei Metern erreichen.

Die kleinsten Braunbären leben in den Alpen und sind gerade mal so groß wie ein Bernhardiner. Die größten Braunbären findet man in Asien und Nordamerika: die Grizzlybären und die Kodiak-Bären. Sie sind die größten Landraubtiere der Erde.

Braunbär
(Ursus arctos)

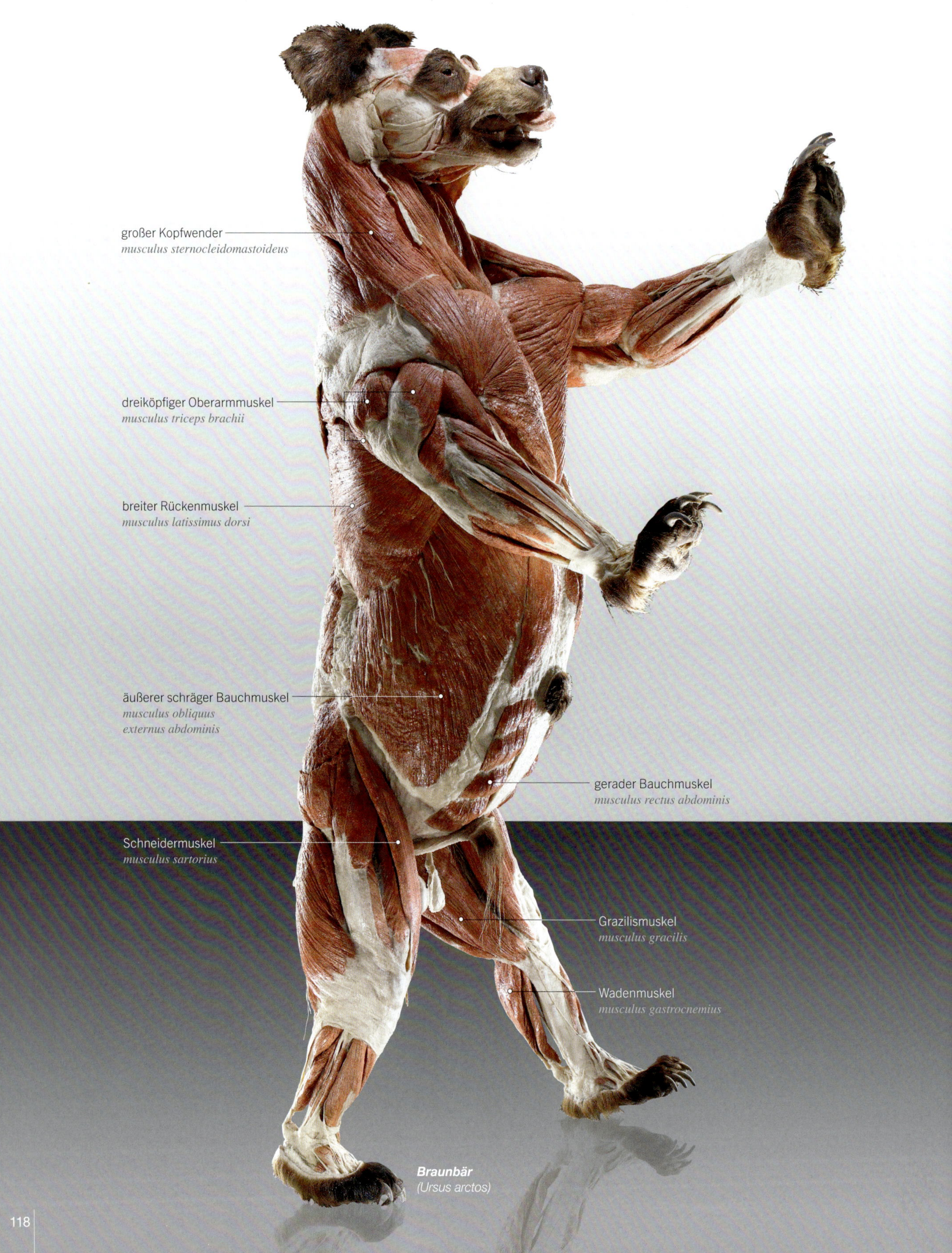

Braunbär
(Ursus arctos)

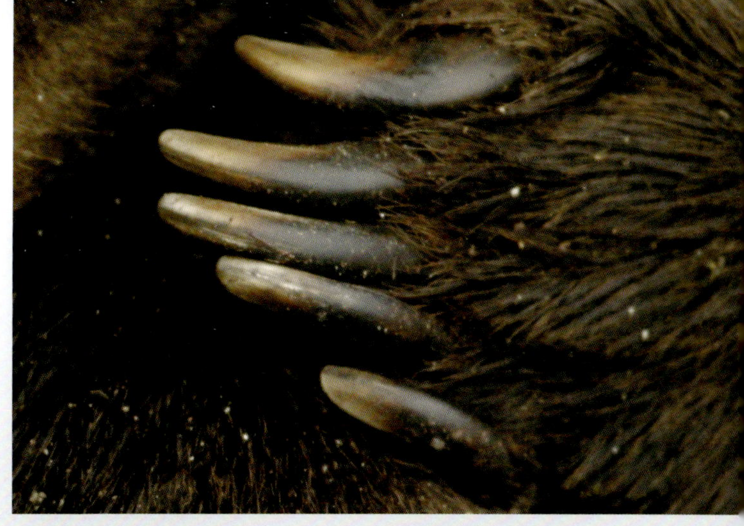

Krallen eines Braunbärs
(Ursus arctos)

Bären können sich auch aufrecht fortbewegen,
doch nur für kurze Zeit.
Steht ein Bär auf seinen Hinterbeinen,
will er weder seine Größe demonstrieren noch angreifen,
sondern sich einen Überblick verschaffen.
Ein Bär greift niemals auf zwei Beinen an.

Bären bewegen sich im Passgang fort,
das heißt, dass beide Beine einer Körperseite
gleichzeitig bewegt werden.
Normalerweise sind ihre Bewegungen
langsam und schleppend,
doch bei Bedarf können sie sehr schnell laufen
und Geschwindigkeiten von 50 km/h erreichen.
Sie sind auch sehr gute Schwimmer.

Ihre Vorder- und Hinterbeine sind fast gleich lang
und enden in mächtigen Tatzen,
die mit jeweils fünf
nicht einziehbaren Krallen bestückt sind.
Die Sohlen der Tatzen sind gut gepolstert
mit faserigem Bindegewebe
für den weichen Gang auf allen Vieren.
Sohlengänger wie die Bären berühren mit Ferse,
Mittelfußknochen und Zehen den Boden.
Zehengänger, wie z.B. Hunde, setzen nur die Zehen auf.
Die Knochen des Unterarms (Elle und Speiche)
und des Unterschenkels (Schien- und Wadenbein)
sind getrennt.
Dadurch kann der Bär trotz seiner Masse
präzise, weiträumige Bewegungen ausführen.

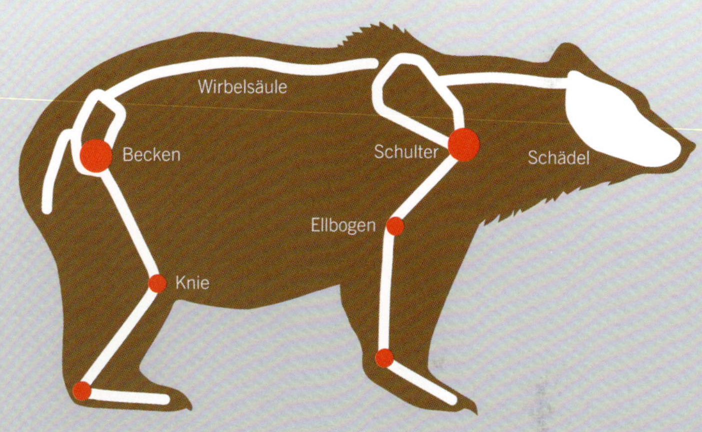

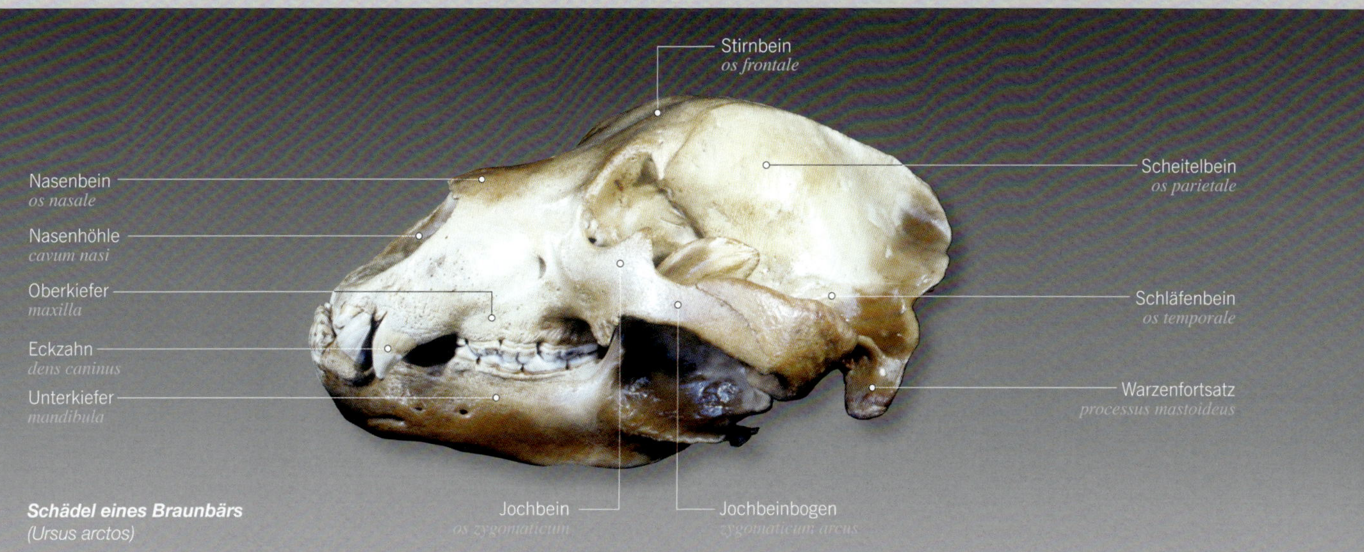

Schädel eines Braunbärs
(Ursus arctos)

Der Bodenständige

Strauß
(Struthio camelus)

Der **Strauß** ist der größte Vogel der Erde.
Er ist flugunfähig,
denn sein Eigengewicht liegt weit über dem Gewicht,
das einem Vogel das Fliegen ermöglichen würde.
Er kann bis zu 160 Kilogramm schwer werden.

Normalerweise haben Vögel einen kräftigen
knöchernen Vorsprung am Brustbein, den Kiel,
an dem die Flugmuskeln ansetzen.
Beim Strauß ist das Brustbein jedoch flach
und die Flugmuskeln sind nur schwach ausgeprägt.

Der Strauß ist jedoch ein schneller Läufer.
Er erreicht Geschwindigkeiten von bis zu 80 km/h
und kann diese etwa eine halbe Stunde lang halten.
Dafür ist er mit sehr kräftigen
Rücken- und Beinmuskeln ausgestattet.
Seine langen elastischen Sehnen wirken wie Federn.
Dadurch kann der Strauß bei jedem Schritt
Energie zurückgewinnen,
sobald sich sein Fuß wieder vom Boden abstößt.

Anders als alle anderen Vögel
hat der Strauß nur zwei Zehen –
eine Anpassung an die hohe Laufgeschwindigkeit.

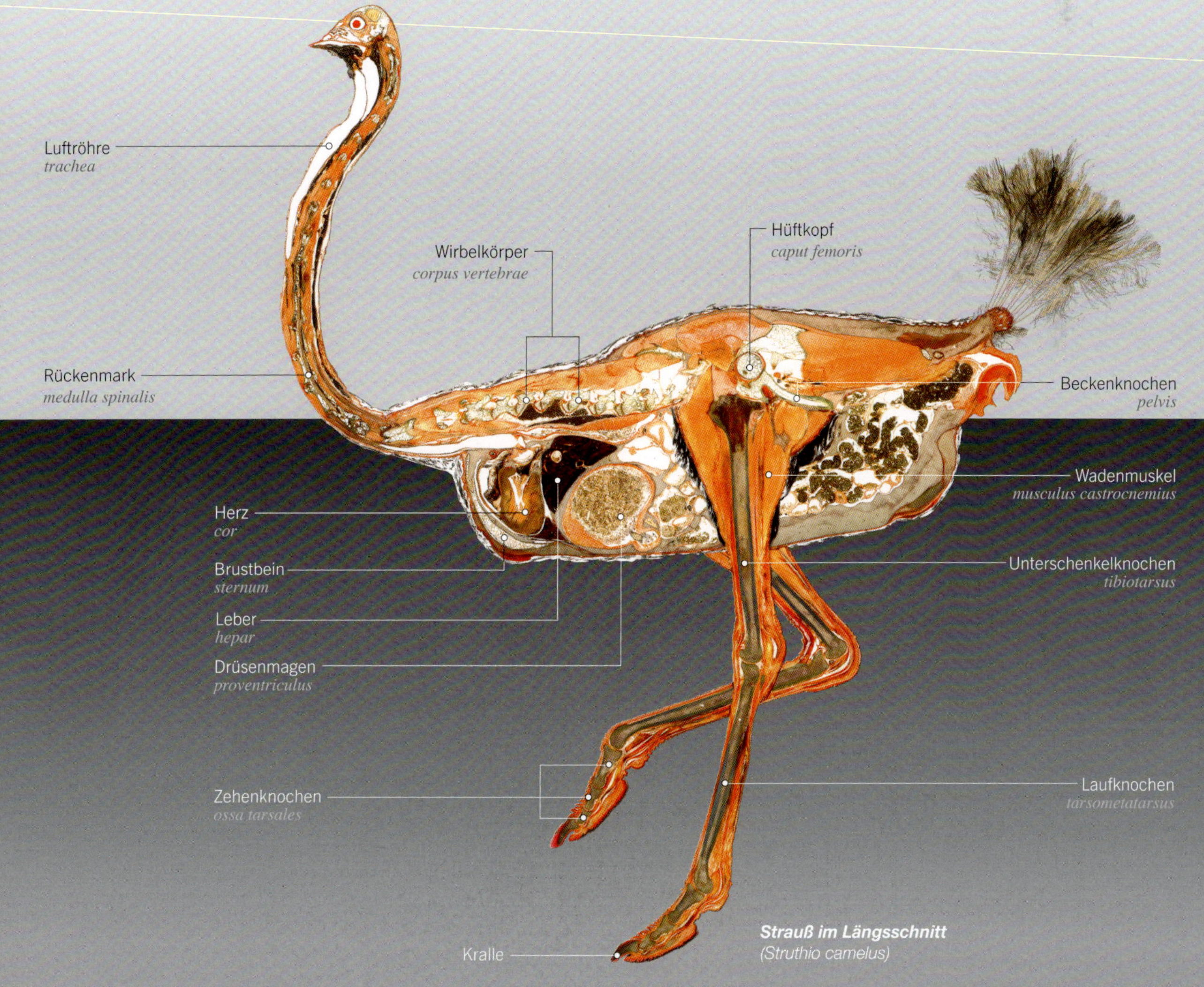

Strauß im Längsschnitt
(Struthio camelus)

Die Unverwüstlichen

Das **Trampeltier** ist eine Säugetierart aus der Familie der Kamele. Es lebt in den Wüsten und Steppen Asiens und wird dort als Reit- und Lasttier gehalten.

An seinen zwei Höckern ist es leicht vom Dromedar, dem einhöckrigen Kamel, zu unterscheiden. Die Höcker dienen nicht wie oft angenommen als Wasser-, sondern als Fettspeicher.

Typisch für Kamele ist ihr schaukelnder Gang, der ihnen den Spitznamen „Wüstenschiff" beschert hat. Er entsteht, weil sie Vorder- und Hinterfuß einer Körperseite gleichzeitig vorwärts setzen. Diese Gangart bezeichnet man auch als Passgang.

Trampeltier
(Camelus bactrianus)

Trampeltiere leben in sehr trockenen Regionen, in denen Temperaturschwankungen von -30 °C bis +40 °C auftreten können. Sie haben daher eine Reihe von Merkmalen entwickelt, um sich ihren extremen Lebensbedingungen anzupassen:

Sie sind z.B. in der Lage, in wenigen Minuten über 100 Liter Wasser aufzunehmen, das sie im Blut und in ihrem Magen speichern. So können sie bis zu zwei Wochen auskommen, ohne trinken zu müssen. Um Wasser und Energie zu sparen, scheiden sie stark konzentrierten Urin und Kot aus.

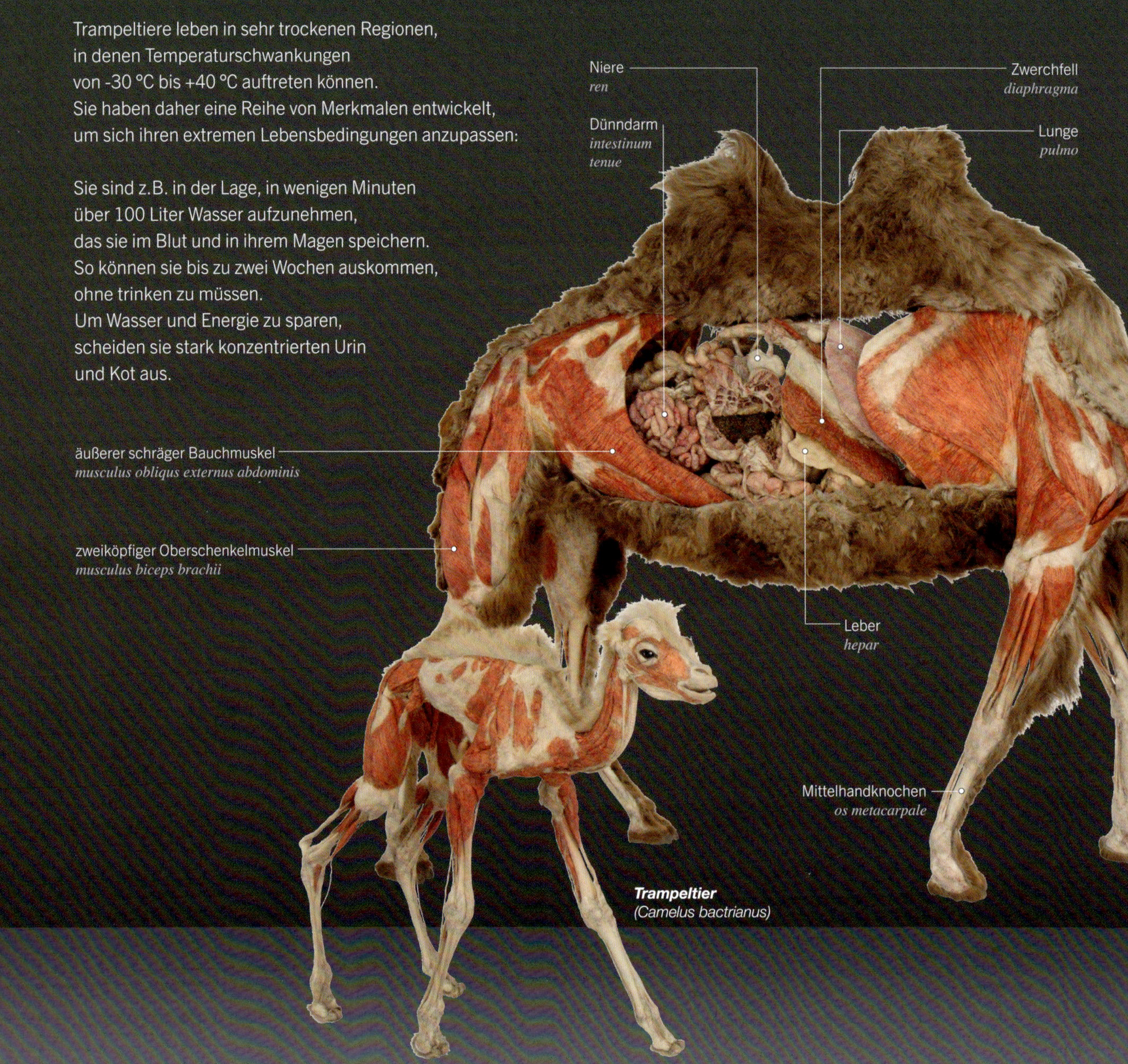

Trampeltier
(Camelus bactrianus)

Ihre langen Wimpern und verschließbaren Nasenlöcher schützen ihre empfindlichen Augen und die Nase bei einem Wüstensturm vor eindringendem Sand.

Ihre Höcker können bis zu 40 Kilogramm Fett als Energiereserve speichern. Würde sich das Fett gleichmäßig am Körper verteilen, wäre die Regulierung des Wärmehaushaltes erschwert und die Kamele würden schnell überhitzen.

Trampeltiere laufen wie alle anderen Paarhufer nur auf den Gliedern der 3. und 4. Zehe. Doch haben sie keine Hufschalen, sondern gebogene Nägel, die die Vorderkante der Füße schützen. Die Zehen ruhen auf einem Polster aus Bindegewebe, das eine breite Sohlenfläche bildet und so ein Einsinken im Wüstensand verhindert. Man nennt sie daher auch Schwielensohler.

Alle Kamele sind Pflanzenfresser
und kauen ihre Nahrung wieder.
Zoologisch betrachtet
gehören sie jedoch nicht zu den Wiederkäuern,
da sie sich unabhängig von ihnen entwickelt haben.
Im Gegensatz zu den echten Wiederkäuern
sind dem Hauptmagen der Kamele
zwei mit Drüsen ausgestattete Vormägen vorgeschaltet.
Sie ermöglichen die Verdauung von dornigen,
salzigen und sogar giftigen Pflanzen.

Neugeborene Kamele
können bereits nach wenigen Stunden laufen.
Sie werden deshalb als „Nestflüchter" bezeichnet.
Nach einer Tragzeit von bis zu 440 Tagen
wird ein einzelnes Jungtier geboren,
Zwillinge kommen nur selten vor.

Die „Hochnäsige“

Mit ihrem langen Hals
ist die **Giraffe** das höchstgewachsene lebende Landtier.
Trotz des langen Halses hat sie
– wie fast alle Säugetiere – nur sieben Halswirbel;
sie sind nur deutlich länger.
Die einzelnen Wirbelkörper
können bis zu 40 Zentimeter lang sein.

Giraffe
(Giraffa camelopardalis)

Ihre blaugraue Zunge kann 50 Zentimeter lang werden und ist zum Greifen befähigt.

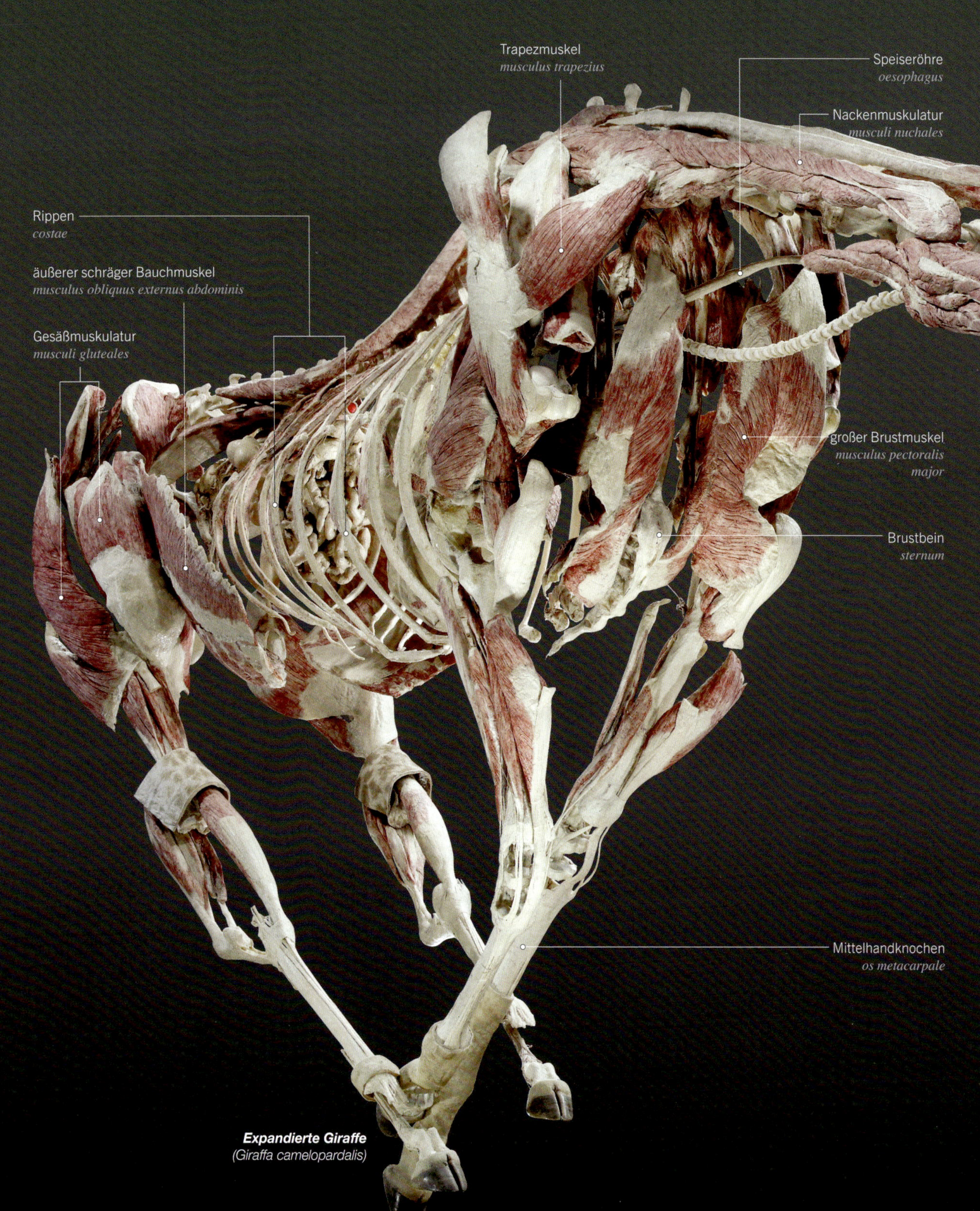

Expandierte Giraffe
(Giraffa camelopardalis)

Der lange Hals ist eine Anpassung,
mit der die Giraffe gegenüber kleineren Pflanzenfressern
einen Wettbewerbsvorteil hat:
Sie kann höher hinauf gelangen
und die besten Pflanzenteile der höchsten Bäume
selektiv abpflücken.

Pro Tag nehmen sie mehr als 80 Kilogramm
pflanzliche Nahrung zu sich,
darunter auch dornenbewehrte Pflanzen wie Akazien.
Ihre Wangen sind innen mit einer dicken Schicht
steifer Hautzellen ausgekleidet,
die von den Dornen nicht durchdrungen werden kann.

Erstaunlicherweise sind Giraffen
trotz ihres langen Halses Wiederkäuer.
Dabei wird der im Netzmagen vorverdaute Speisebrei
mit Hilfe der muskulösen Speiseröhre
in das Maul zurückbefördert.
Sie können als einzige Tierart beim Laufen wiederkäuen,
eine Anpassung an ihre nomadische Lebensweise.

Der Hals wird von einer einzigen,
sehr starken Sehne gehalten.
Die Sehne verläuft vom Hinterkopf bis zum Steiß
und bildet den „Höcker"
zwischen Hals und Körper

Giraffen sind entfernt mit Hirschen verwandt, wie man unter anderem an den kleinen geweihartigen Hörnern erkennen kann. Beide Geschlechter verfügen über zwei bis fünf Knochenzapfen an der Stirn, die mit Haut überzogen sind. Bei erwachsenen Tieren sind sie mit dem Schädel verwachsen.

Bei Angriffen verteidigen sich Giraffen mit kräftigen Schlägen ihrer tellergroßen Hufe. Diese Tritte sind für die Angreifer lebensgefährlich; ein gezielter Tritt reicht, um den Schädel einer Raubkatze zu zerschmettern. Meistens fallen daher nur alte Tiere oder junge Kälber Raubtieren zum Opfer. Häufiger sterben Giraffen an Hunger oder den Folgen von Stürzen.

Giraffen verständigen sich in einem für Menschen nicht hörbaren Schallbereich mit Frequenzen unter 20 Hertz, dem sogenannten Infraschallbereich.

Der lange Hals bedeutet auch eine Herausforderung für das Kreislaufsystem der Giraffe: Ihr Herz ist besonders leistungsstark, um das Blut entgegen der Schwerkraft bis zum Gehirn zu pumpen. Es wiegt etwa 10 Kilogramm, fördert rund 60 Liter Blut pro Minute und sorgt für einen Blutdruck, der dreimal höher ist als beim Menschen.

Klappen in den Halsadern regulieren den Blutstrom zum Gehirn und sorgen dafür, dass das Gehirn keinen Schaden erleidet, wenn die Giraffe plötzlich den Kopf senkt und damit der Blutdruck in den Hals- und Hirngefäßen erheblich ansteigt.

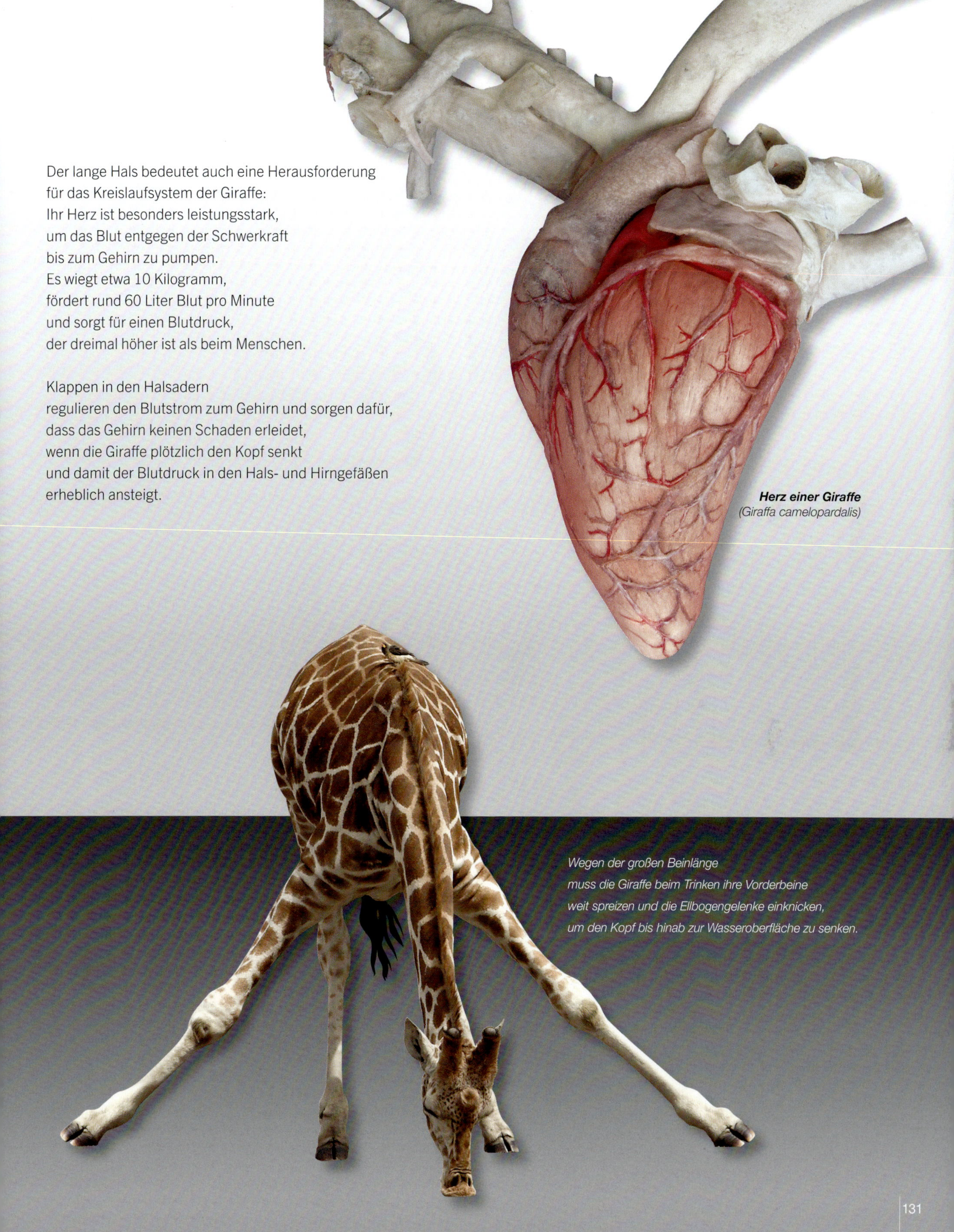

Herz einer Giraffe
(Giraffa camelopardalis)

Wegen der großen Beinlänge muss die Giraffe beim Trinken ihre Vorderbeine weit spreizen und die Ellbogengelenke einknicken, um den Kopf bis hinab zur Wasseroberfläche zu senken.

Mächtige Kätzchen

Der **Leopard** ist nach dem Tiger, dem Löwen und dem Jaguar die viertgrößte Großkatze. Mit seinen kräftigen Muskeln erreicht er Geschwindigkeiten von über 60 km/h.

Als einzige Raubkatzenart der Welt sichert der Leopard seine Beute auf Bäumen. Dank seiner starken Schulter- und Nackenmuskeln kann er selbst Beutetiere ins Geäst hieven, die sein eigenes Gewicht deutlich übersteigen.

Leopard
(Panthera pardus)

Der **Löwe** ist nach dem Tiger die zweitgrößte Katze. Trotz seiner Größe hat er die gleichen Skelett- und Organstrukturen wie eine harmlose Hauskatze.

Löwe bei der Jagd
(Panthera leo)

Löwen jagen regelmäßig Tiere,
die wesentlich größer sind als sie selbst.
Das erfordert viel Kraft,
und Löwen sind entsprechend muskelkräftig.

Sie können innerhalb weniger Sekunden auf etwa 60 km/h beschleunigen und vollziehen mit ihren kräftigen Hinterbeinen dabei Sprünge von fast 12 Metern.

Allerdings sind Löwen keine ausdauernden Läufer.
Zudem sind viele ihrer Beutetiere schneller als sie selbst.
Löwen müssen sich daher aus dem Hinterhalt
bis auf wenige Meter heranpirschen.
Massive Oberschenkelmuskeln verleihen dem Löwen
die nötige Kraft, aus dem Stand heraus anzugreifen.

Löwe bei der Jagd
(Panthera leo)

Oryx Antilope
(Oryx beisa)

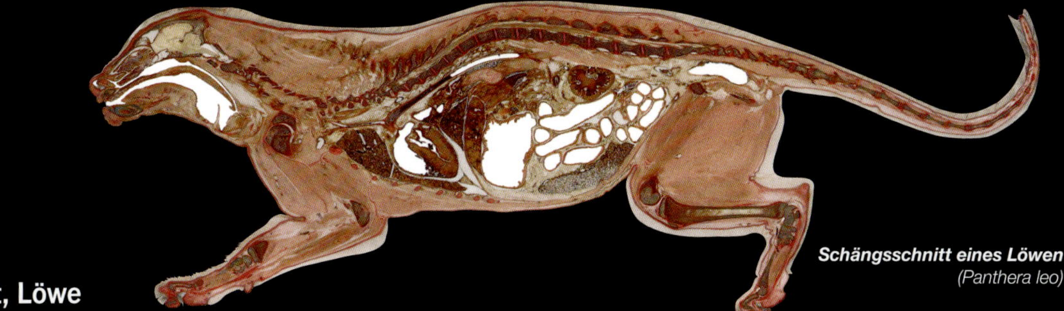

Schängsschnitt eines Löwen
(Panthera leo)

Gut gebrüllt, Löwe

In diesem Exponat sind mehrere Schnittebenen aufeinander projiziert. Dadurch gelangen anatomische Strukturen in ein und dieselbe Ebene, die in einem einfachen Schnitt gar nicht zusammen zu sehen sein können. So erkennt man auf diesem Schnitt z.B. das Gehirn und das Rückenmark in ganzer Länge – und dazu gleichzeitig die Beine, obwohl sie anatomisch viel weiter seitlich liegen.

Gut zu erkennen ist auch der beachtlich große Kehlkopf, der dem Löwen sein charakteristisches Brüllen ermöglicht; über 4 Kilometer weit kann man ihn hören. Löwen können auch Schnurren. Doch anders als Hauskatzen schnurren sie nur beim Ausatmen, und es klingt eher wie ein Knurren oder Brummen.

Sanfte Riesen

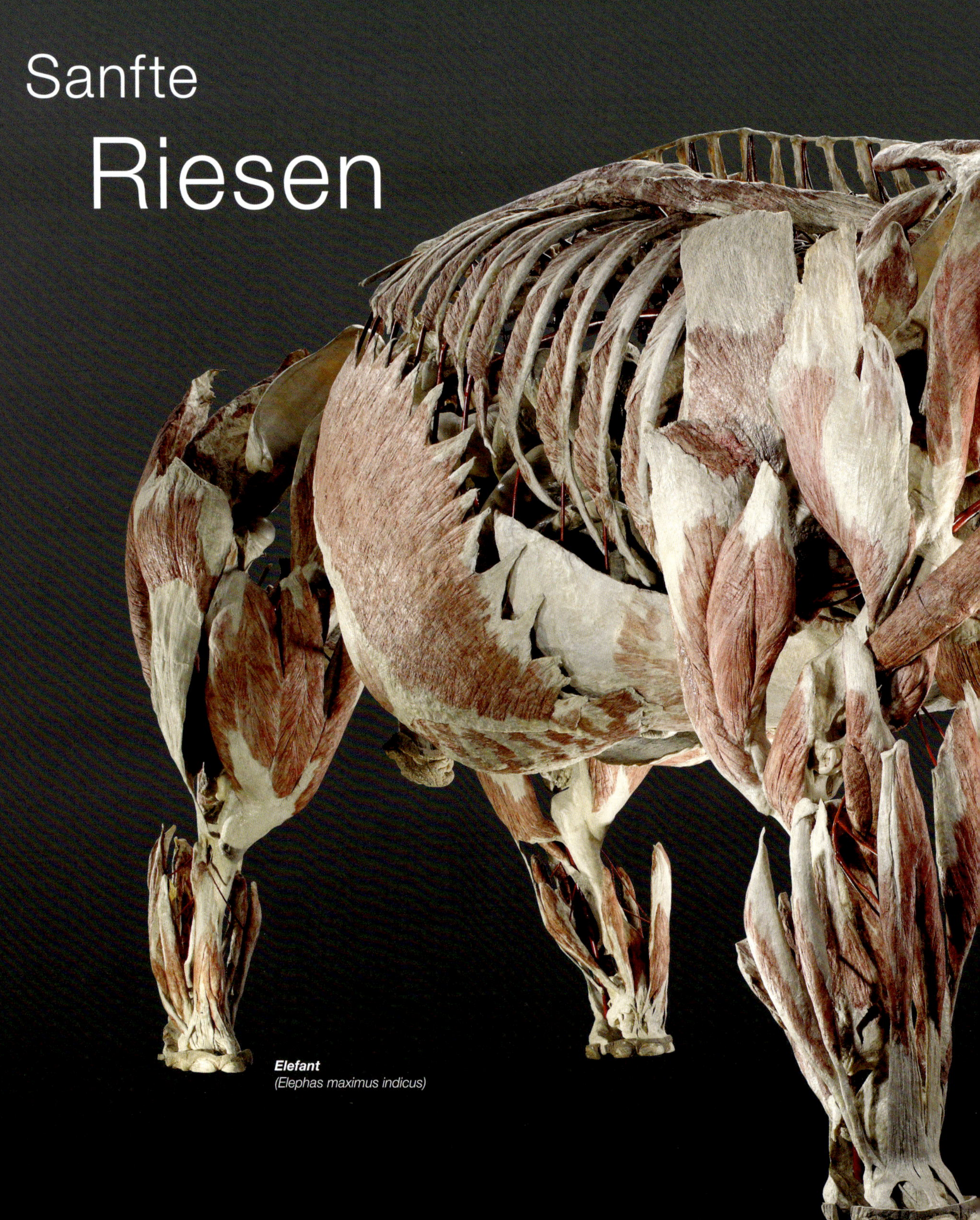

Elefant
(Elephas maximus indicus)

Elefanten sind die größten lebenden Landtiere.
Indische Elefanten wie dieser
werden bis zu 3,50 Meter hoch, wiegen bis zu fünf Tonnen
und messen vom Kopf bis zum Schwanz
zwischen 5,50 und 6,50 Meter.
Ihre Ohren sind deutlich kleiner
als die ihrer afrikanischen Artgenossen.

Das auffälligste anatomische Merkmal eines Elefanten ist der Rüssel. Er ist im Laufe der Entwicklung aus Oberlippe und Nase entstanden. Er enthält kein Nasenbein oder andere Knochen, sondern besteht ausschließlich aus Muskelgewebe. Dank rund 40.000 zu Bündeln verflochtenen Muskeln und einer guten, sensiblen Nervenversorgung ist der Rüssel ein äußerst vielseitiges Instrument. Er dient dem Elefanten als Riech- und Tastorgan, als Waffe, als Greifhand beim Fressen sowie als Saug- und Druckpumpe beim Trinken. Pro Zug passen ca. 8 bis 10 Liter Wasser in den Rüssel.

Die inneren Organe des Elefanten sind im Verhältnis nicht größer als bei anderen Säugetieren. Das Gehirn wiegt etwa 4 bis 5 Kilogramm; das Herz – je nach Alter – zwischen 12 und 21 Kilogramm. Es schlägt etwa 30 Mal pro Minute.

Je nach Art besitzen Elefanten ein Skelett aus 326 bis 351 Knochen, das von etwa 394 Muskeln bewegt wird. Die Knochen sind extrem schwer und enthalten kein Mark. Die Beine sind sehr gerade gebaut, um das große Körpergewicht tragen zu können.

Elefanten gehen in der Regel im Passgang und legen dabei etwa 5 Kilometer pro Stunde zurück. Bei Gefahr können sie allerdings bis zu 40 km/h schnell werden.

Elefantenfuß im Querschnitt
(Elephas maximus indicus)

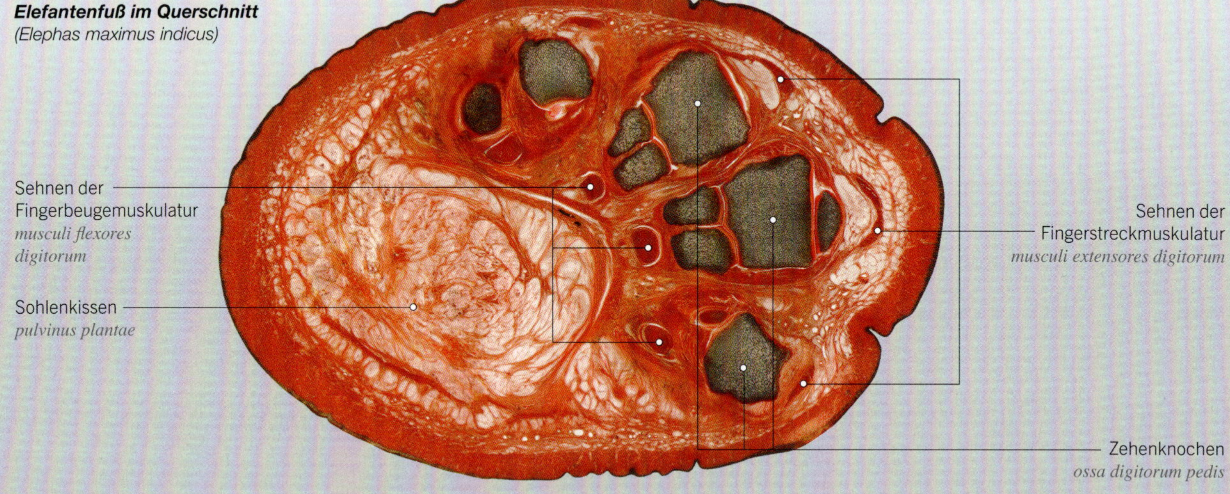

Elefanten wirken wie Sohlengänger. Tatsächlich sind sie jedoch Zehenspitzengänger, wie in einem Längsschnitt durch das Bein gut zu erkennen ist. Die Zehen- und Fußknochen sind steil aufgerichtet, so dass nur das Zehenendglied den Boden berührt. Die hinteren Knochen ruhen auf elastischen Sohlenkissen. Durch diese dicken Polster erscheint der Fuß rund und massiv. Der Knochenbau weist keine Sprunggelenke auf, was einer der Gründe dafür ist, dass Elefanten nicht springen können.

Zehengänger wie Hund und Katze setzen alle drei Zehenglieder auf, was sie zu schnellen und leisen Läufern macht. Sohlengänger wie Bären und auch wir Menschen treten mit der ganzen Fußfläche auf, also mit Zehen, Mittelfußknochen und der Ferse.

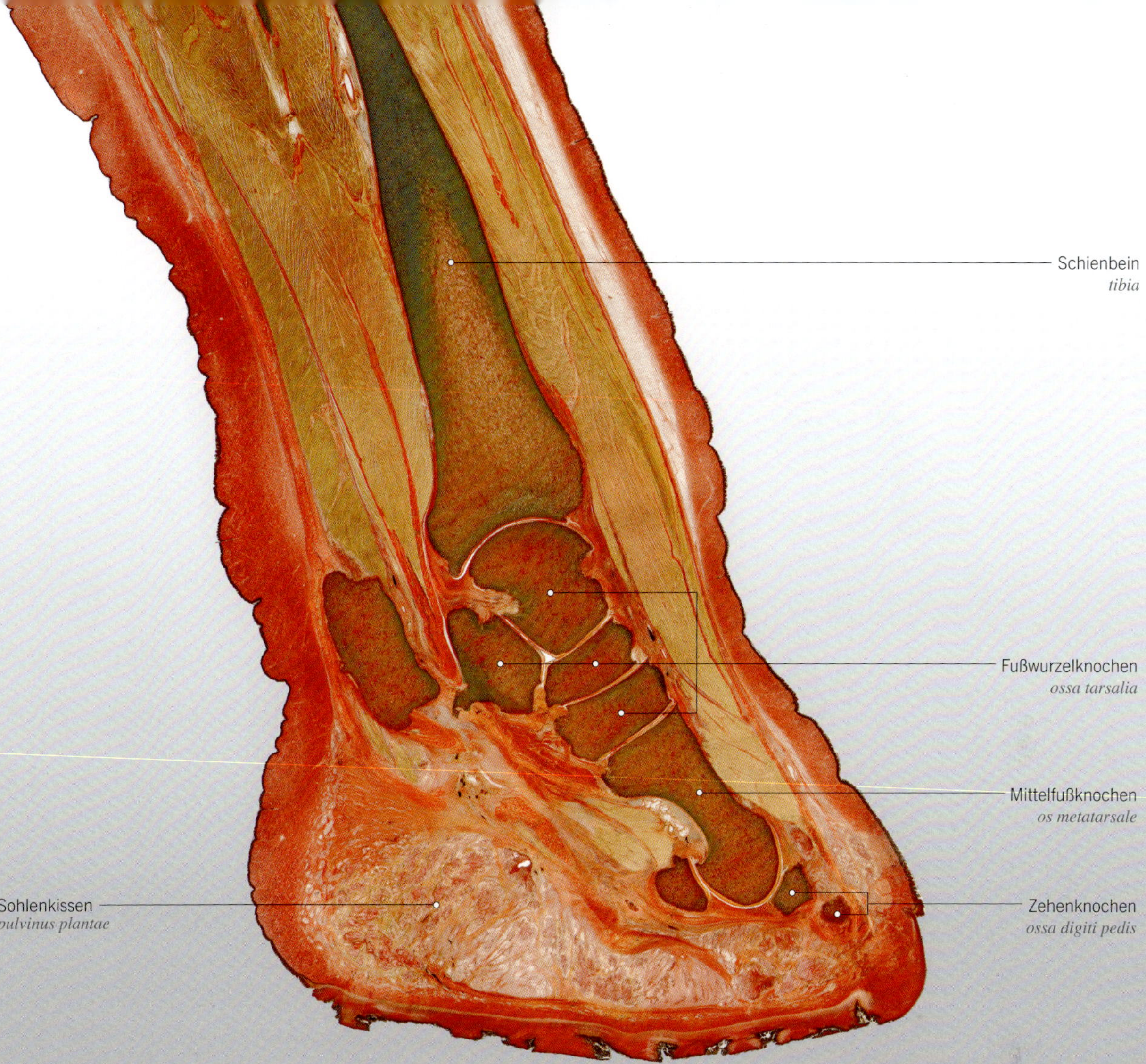

Schienbein
tibia
Fußwurzelknochen
ossa tarsalia
Mittelfußknochen
os metatarsale
Sohlenkissen
pulvinus plantae
Zehenknochen
ossa digiti pedis

Elefantenfuß im Längsschnitt
(Elephas maximus indicus)

Zehenspitzengänger (Elefant)
Sohlenkissen (Fettpolster)
Zehengänger (Hund)
Fersenknochen
Mittelfußknochen
Zehen
Krallen
Sohlengänger (Mensch)
Mittelfußknochen
Zehen
Fersenknochen

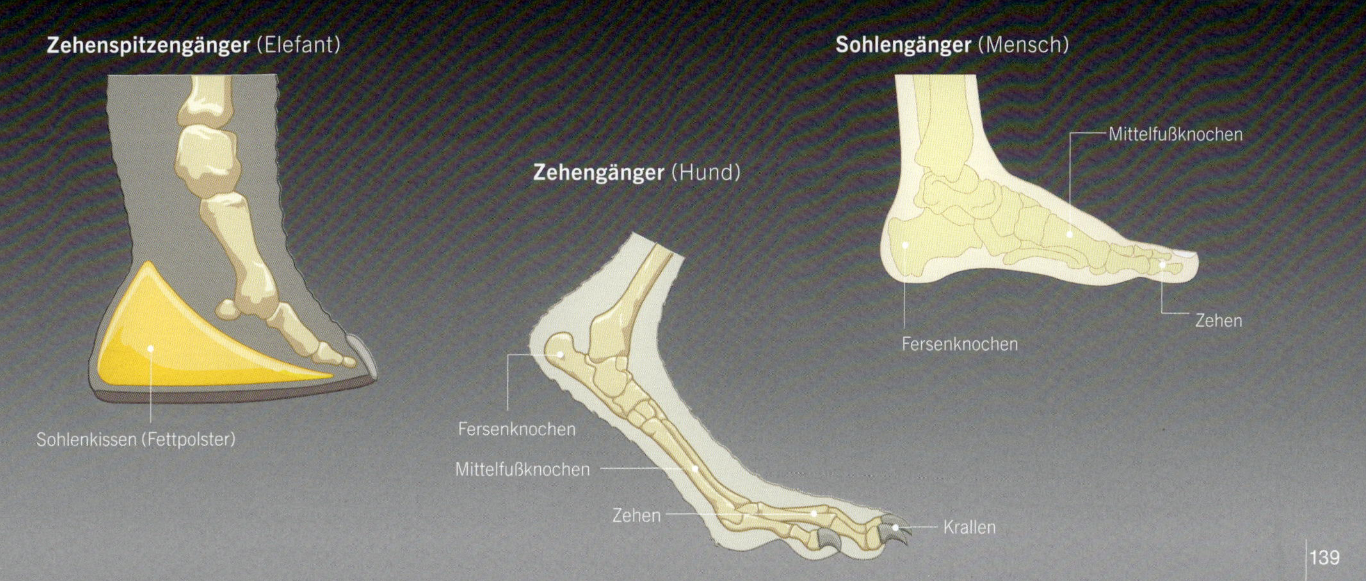

Elefanten sind ausnahmslos Pflanzenfresser. Ihre Nahrung verwerten sie zu etwa 40 Prozent, da sie ein weniger effizientes Verdauungssystem haben als etwa die Wiederkäuer.

Präparierter Elefant.
Einzelne Körperabschnitte wurden expandiert, um einen Einblick in die Lagebeziehungen der Knochen, Muskeln und Organe zu ermöglichen.
(Elephas maximus indicus)

Diese Körperscheibe
zeigt einen 2 Millimeter dicken Horizontalschnitt durch den Körper einer indischen Elefantenkuh vom Rüssel bis zum Schwanz.

Auffällig sind die luftgefüllten (pneumatisierten) Hohlräume im Schädelknochen,
die der Gewichtsreduktion des Kopfes dienen.
Dennoch hat der imposante Kopf ein erhebliches Gewicht und kann bis zu einem Viertel des gesamten Körpergewichts betragen.
Die knöchernen Verstrebungen
verleihen dem Schädelknochen die notwendige Stabilität, um Rüssel und Stoßzähne tragen zu können.

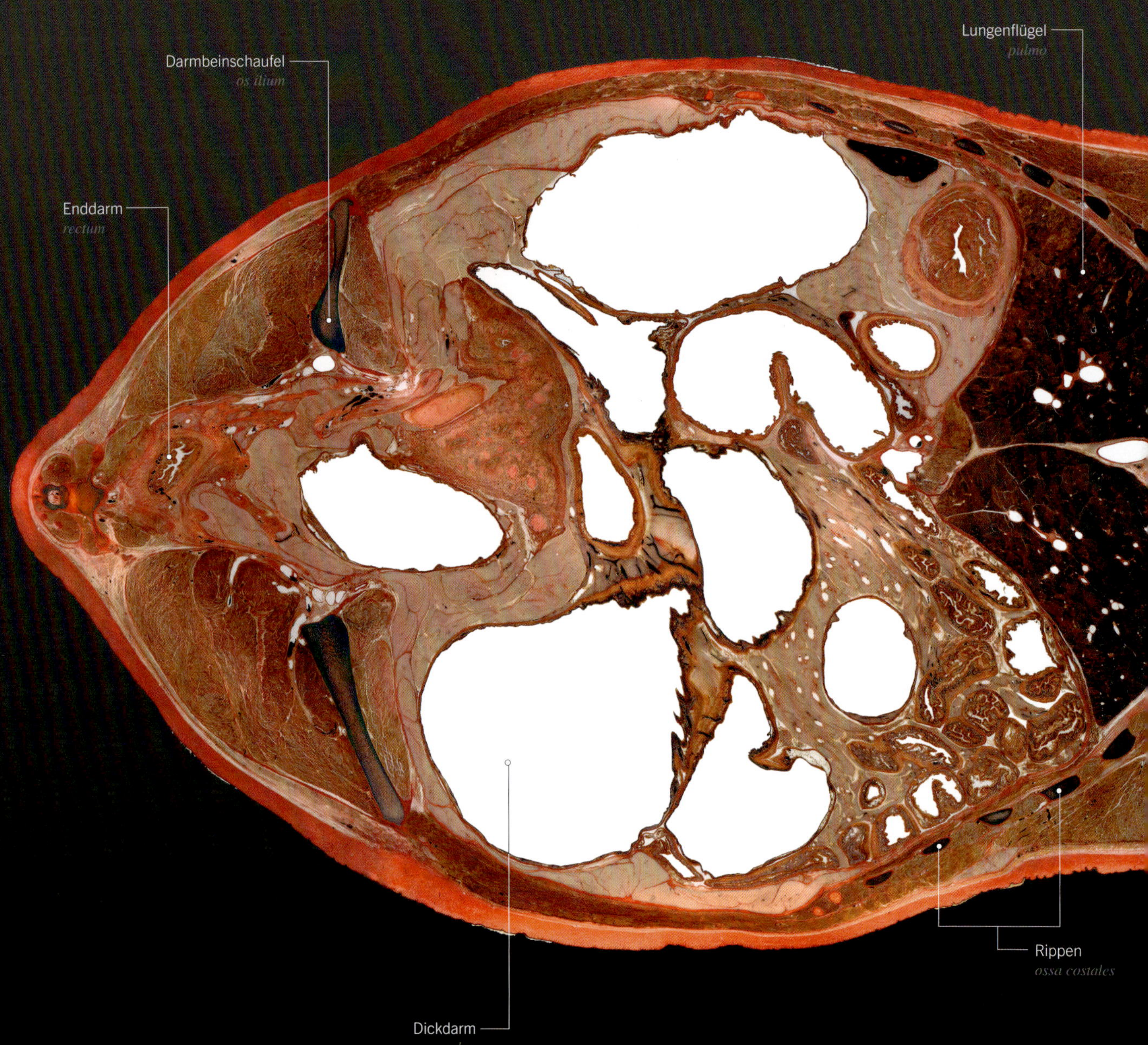

Im Brustkorb sind die beiden Lungenflügel zu erkennen. Anders als bei allen anderen Säugetieren sind sie bei Elefanten durch Bindegewebe mit dem Brustkorb verbunden. Dadurch kann der Elefant beispielsweise einen Fluss durchqueren und dabei mit seinem langen Rüssel schnorcheln, ohne dass ihm die Druckdifferenz von der atmosphärischen Atemluft zur zwei Meter unter Wasser liegenden Lunge ein Problem bereiten würde.

Im Bauchraum sind zahlreiche Anschnitte des Dickdarms zu erkennen. Wie bei allen Pflanzenfressern ist der Dickdarm des Elefanten sehr groß. Er füllt den Bauchraum zu einem großen Teil aus und verdaut pro Tag bis zu 200 Kilogramm lebensnotwendige pflanzliche Nahrung.

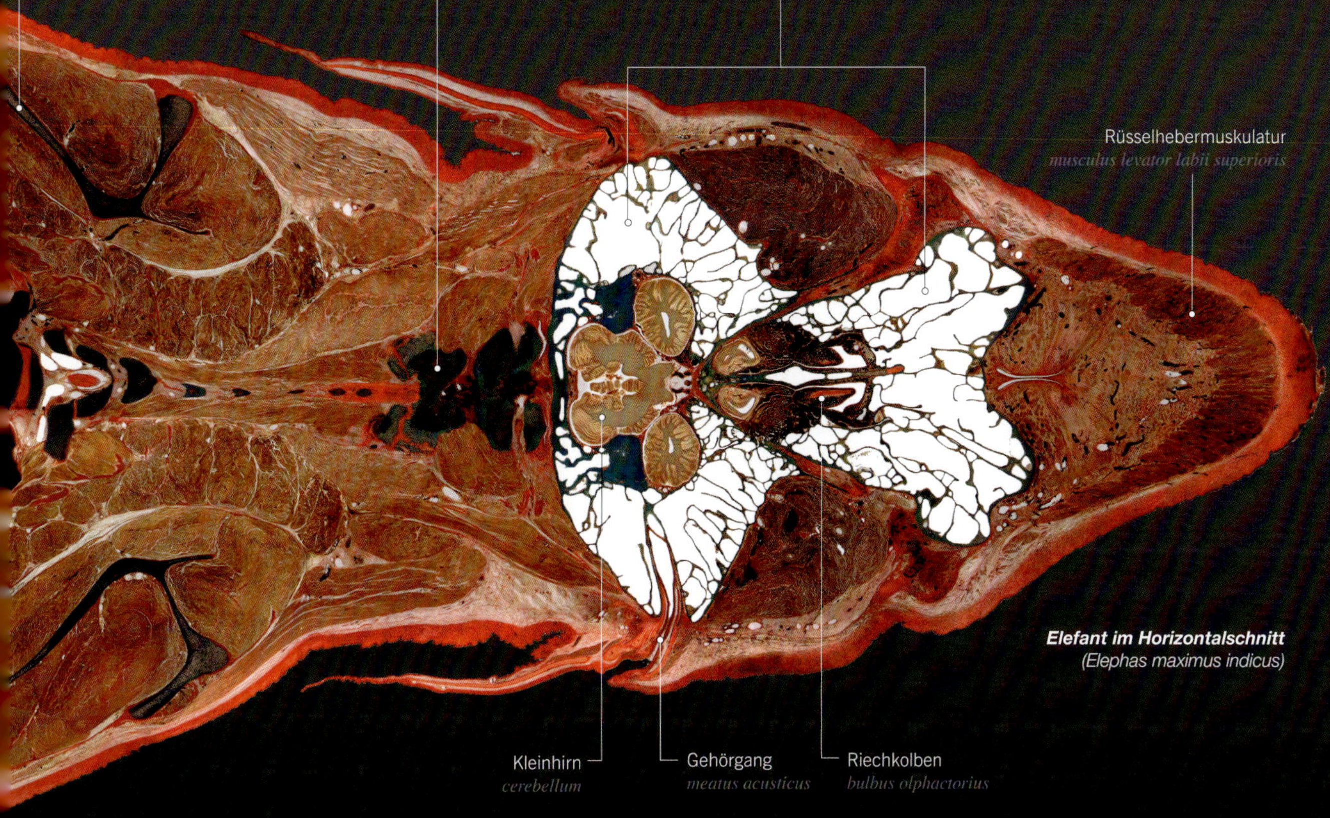

Schulterblatt
scapula

Halswirbelkörper
vertebra cervicalis

Luftzellen im Schädelknochen
os pneumaticum

Rüsselhebermuskulatur
musculus levator labii superioris

Elefant im Horizontalschnitt
(Elephas maximus indicus)

Kleinhirn
cerebellum

Gehörgang
meatus acusticus

Riechkolben
bulbus olphactorius

Wirbelkörper
corpus vertebrae

Zwischenwirbelscheibe (Bandscheibe)
discus intervertebralis

Mensch, Affe!

Flachlandgorilla
(Gorilla gorilla gorilla)

Gorillas zählen zu den Menschenaffen und sind als solche nah mit dem Menschen verwandt – sowohl von ihrem Erbgut her als auch in ihrem Verhalten.

Dieser Flachlandgorilla wiegt rund 200 Kilogramm und ist 1,85 Meter groß.
Sein Brustumfang beträgt 1,55 Meter,
die Spannweite seiner ausgestreckten Arme 2,40 Meter.
Gorillaweibchen sind deutlich kleiner (1,30 Meter) und wiegen nur die Hälfte.

Im Allgemeinen gehen Gorillas auf allen Vieren.
Der aufrechte Stand ist für sie anstrengend, weil die Wirbelsäulenkrümmung bei ihnen anders ist als bei uns Menschen.

Die Knochen von Unterarmen, Mittelhand und Fingern sind relativ lang,
so dass die Arme des Gorillas im Stand bis unter seine Knie reichen.
Die Anordnung der Arm- und Beinmuskeln ist der des Menschen fast gleich.
Ein großer Unterschied liegt in der Anatomie des Fußes, denn anders als Menschen können Gorillas auch die Zehen zum Greifen verwenden.

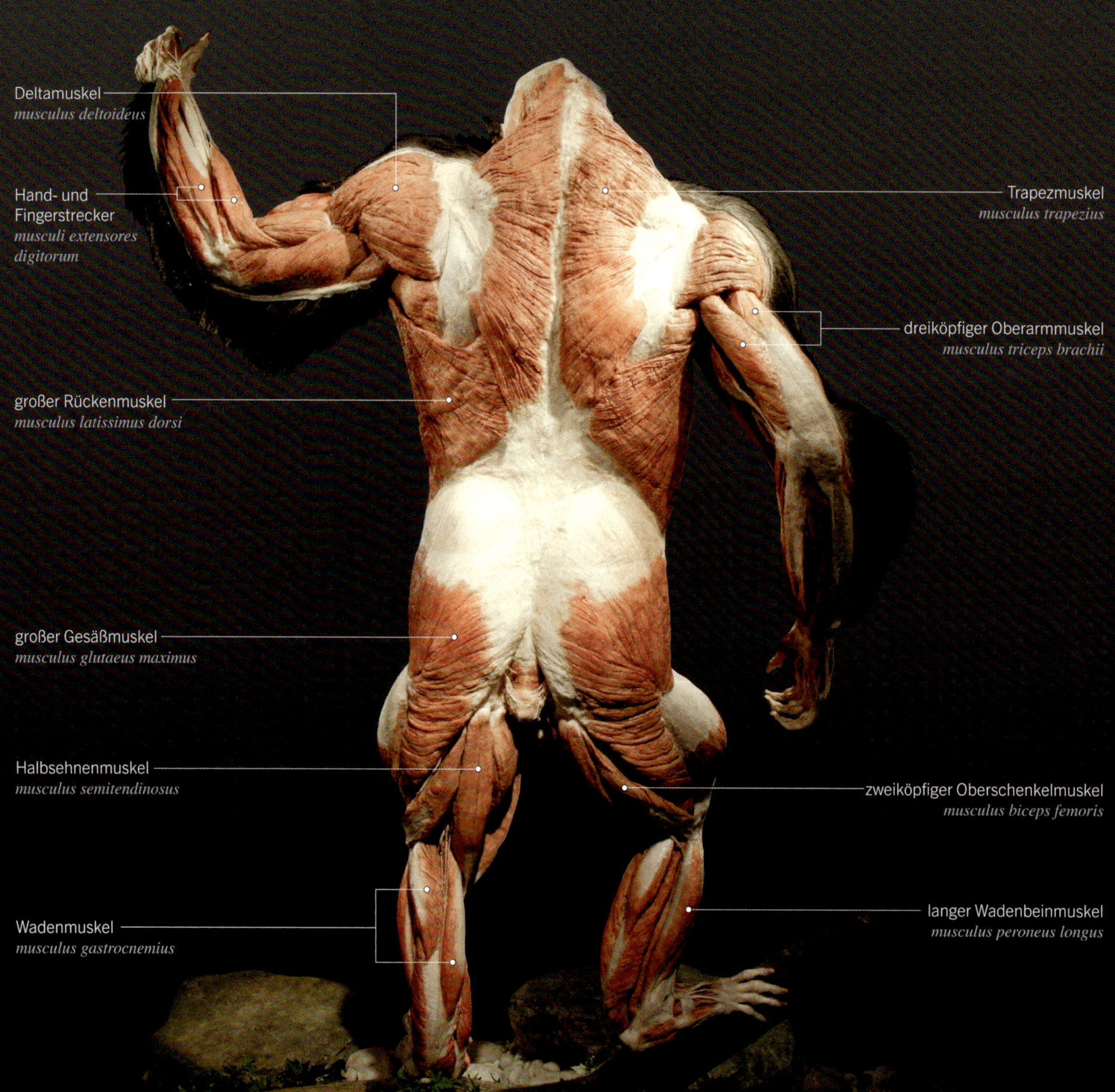

Flachlandgorilla
(Gorilla gorilla gorilla)

Der Einsichtsfähige

Menschen sind innerhalb der biologischen Systematik ein höheres Säugetier aus der Ordnung der Primaten. Genetische Analysen haben gezeigt, dass Bonobos (Zwergschimpansen), Schimpansen, Gorillas und Orang-Utans – in dieser Reihenfolge – die nächsten Verwandten des Menschen sind.

Im Gegensatz zu allen anderen Primaten ist der Mensch fähig, dauerhaft aufrecht zu gehen. Denn nur der Mensch ist mit einer doppelt S-förmig gekrümmten Wirbelsäule ausgestattet. Beim aufrechten Gang wirkt sie wie eine Feder und fängt alle Stöße und Erschütterungen ab. Bei den Menschenaffen jedoch wird die gesamte Körperlast von der einfach gebogenen Wirbelsäule getragen. Aufgrund dieser Tatsache müssen die Menschenaffen beim Gehen einen Teil des Gewichts auf ihre Arme verlagern und sie als Stütze verwenden.

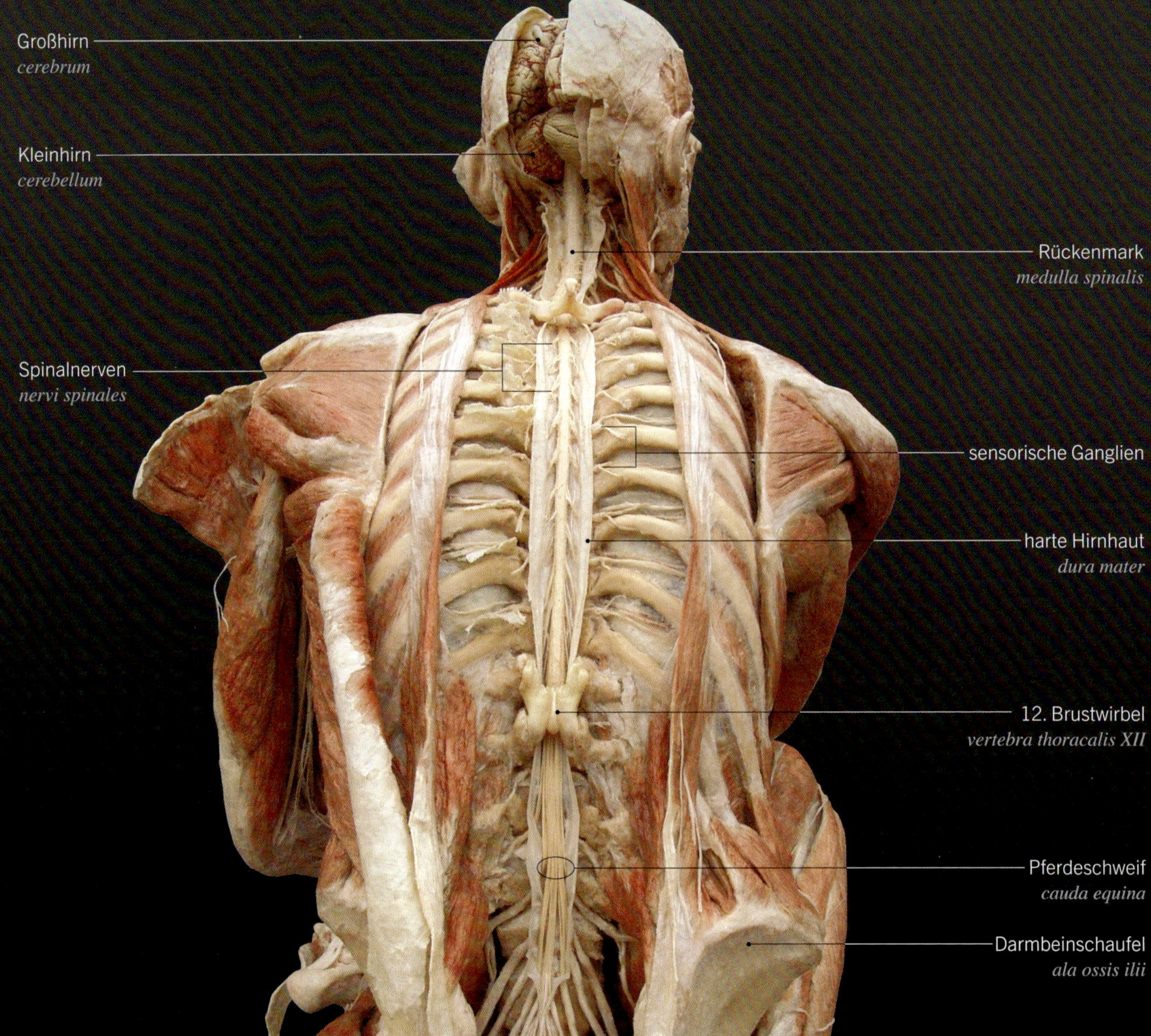

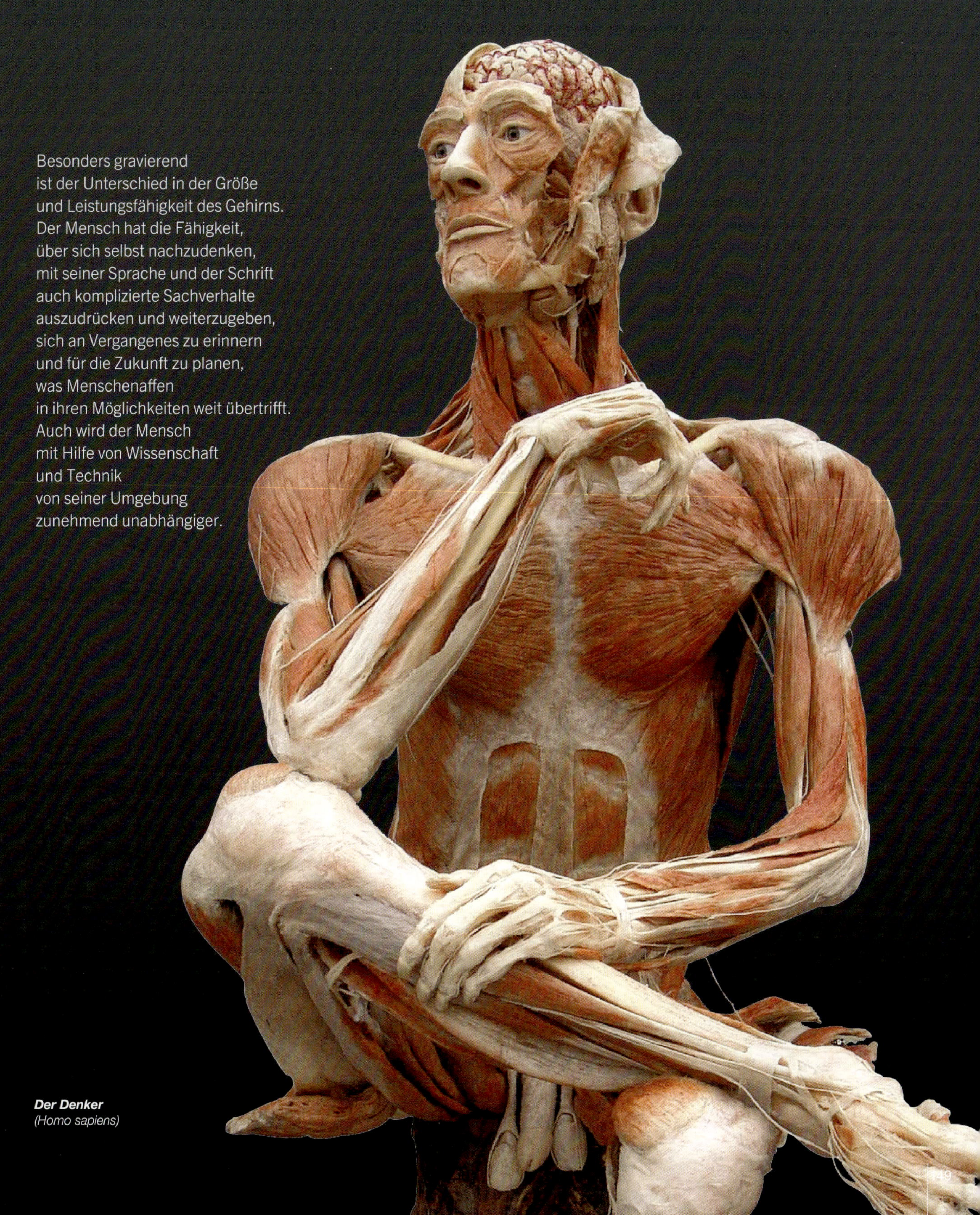

Besonders gravierend
ist der Unterschied in der Größe
und Leistungsfähigkeit des Gehirns.
Der Mensch hat die Fähigkeit,
über sich selbst nachzudenken,
mit seiner Sprache und der Schrift
auch komplizierte Sachverhalte
auszudrücken und weiterzugeben,
sich an Vergangenes zu erinnern
und für die Zukunft zu planen,
was Menschenaffen
in ihren Möglichkeiten weit übertrifft.
Auch wird der Mensch
mit Hilfe von Wissenschaft
und Technik
von seiner Umgebung
zunehmend unabhängiger.

Der Denker
(Homo sapiens)

Der Mensch
ähnelt anatomisch den meisten anderen Säugetieren
in Form, Lage und mikroskopischer Struktur
seiner Organe und Muskeln.
Große Unterschiede bestehen jedoch oft
in den Proportionen.
So ist beispielsweise der Muskelapparat des Menschen
im Vergleich zum Pferd eher kümmerlich ausgeprägt.
Dagegen verhilft ihm sein größeres Gehirn
zu deutlich höherer Intelligenz.

Große Unterschiede zeigen auch die Extremitäten:
Beim Menschen sind die
Oberarm- und Oberschenkelknochen relativ lang,
die Hände und Füße dagegen eher kurz.
Beim Pferd ist es genau umgekehrt;
die Oberarm- und Oberschenkelknochen sind sehr kurz,
so dass die Ellbogen- und Kniegelenke
dicht am Rumpf liegen.
Die anderen Arm- und Beinknochen sind dagegen
verhältnismäßig lang,
vor allem die der Hände und Füße.
Ihre Länge macht etwa ein Drittel
der jeweiligen Extremität aus.
Auch ist die Anzahl der Finger- und Zehenglieder
auf je ein Glied reduziert.

Scheuendes Pferd mit Reiter
(Equus ferus caballus, Homo sapiens)

IMPRESSUM

KATALOG
KÖRPERWELTEN der Tiere
Angelina Whalley
Gunther von Hagens

HERAUSGEBER
Angelina Whalley

DESIGN
DIE-**WERBE**AKTIVISTEN.DE, mArc Schumacher, Weinheim

6. Auflage

Arts & Sciences
Exhibitions and Publishing

Arts & Sciences
Exhibitions and Publishing GmbH, Heidelberg

ISBN 978-3-937256-44-3

www.KoerperweltenDerTiere.de